门式起重机

走行轨系统安全服役与结构优化研究

张鹏飞　邓诏辉 ———— 著

MENSHI QIZHONGJI

ZOUXINGGUI XITONG ANQUAN FUYI YU

JIEGOU YOUHUA YANJIU

中南大学出版社
www.csupress.com.cn

·长沙·

前 言 ◀◀◀ Foreword

随着铁路物流运输的快速发展，门式起重机走行轨系统安全服役问题引起广泛关注。铁垫板脱空、铁垫板锈蚀变薄、橡胶垫板老化等病害在走行轨系统中频繁发生，危害巨大，会缩短走行轨系统各部件的使用寿命，影响生产效率，甚至危及行车安全。本书在综合国内外走行轨系统结构研究现状的基础上，采用现场测试与数值分析相结合的方法，开展了门式起重机走行轨系统结构力学特性研究，分析了病害对走行轨系统结构的影响，提出了走行轨系统结构参数优化建议。本书主要研究工作及成果如下：

①对某铁路物流基地门式起重机走行轨系统结构力学特性进行了现场测试，测试结果表明：TJMQ 40.5 t-30 m 铁路集装箱专用门式起重机荷载作用下，起重荷载为空载时，走行轨系统结构中钢轨轨底左右两侧纵向应变之和最大可达 383.826 $\mu\varepsilon$，钢轨轨底与基础梁垂向相对位移最大可达 1.393 mm；起重小车位于悬臂端时偏载量为小车位于正中间时的 1/3。

②根据门式起重机走行轨系统结构的组成和特点，基于钢轨-扣件-承轨梁相互作用原理和有限元法，采用参数化建模方法，建立了门式起重机扣板式扣件走行轨系统精细化空间耦合有限元模型，模型中详细考虑钢轨、扣板、螺纹道钉、平垫圈、铁垫板、橡胶垫板、承轨梁和钢筋的几何和力学特性。

③采用 C++语言对 ANSYS 进行二次开发，研发了门式起重机走行轨结构力学特性分析系统，该系统可实现任意走行轨长度、结构参数和荷载参数的设置，快速建模、加载计算与计算结果存储等功能，形成集参数自由输入、空间精细化建模、加载计算及数据精准提取于一体的结构力学特性分析系统。通过与实测结果对比，验证了本书所建模型的正确性，以及分析系统的通用性和可靠性。

④利用所建立的门式起重机走行轨系统精细化空间耦合模型,分析了不同起重荷载、起重小车不同位置及不同起重机荷载作用位置,得出了门式起重机荷载施加的最不利工况。研究表明:不同型式门式起重机偏载量不同,并且起重荷载对偏载量也会造成不同程度的影响。门式起重机走行轨系统结构中,铁垫板较易屈服、拉坏,其他结构均偏安全,故铁垫板在设计时应着重考虑。TJMQ 40.5 t-30 m铁路集装箱专用门式起重机起重荷载为满载状态、起重小车位于走行轨同一侧悬臂端且第三个走行轮位于扣件支承处时,为门式起重机走行轨安全服役最不利的加载工况。

⑤针对门式起重机走行轨系统的病害问题,分析了铁垫板脱空、铁垫板锈蚀变薄、橡胶垫板老化等病害对走行轨系统结构力学特性的影响。研究表明:铁垫板脱空对走行轨系统安全服役影响较大,并且相同脱空率下纵向脱空比横向脱空更危险。铁垫板锈蚀变薄病害对铁垫板影响较大,铁垫板锈蚀变薄至9 mm时,铁垫板已屈服;铁垫板锈蚀变薄至5 mm时,铁垫板已被拉坏。橡胶垫板老化后弹性变差,铁垫板位移减小、应力存在一定程度上的降低。但当橡胶垫板弹性完全失效后,会出现铁垫板脱空、混凝土压溃等现象,会加速减少走行轨系统的安全服役年限。

⑥对门式起重机走行轨系统结构参数进行优化研究,研究结果表明:垫板长度越短、垫板宽度越宽、铁垫板厚度越厚、橡胶垫板越薄,铁垫板的安全服役年限越长。为延长门式起重机走行轨系统安全服役年限,垫板长度建议设置在350~390 mm为宜;垫板宽度建议设置在200 mm及以上;铁垫板厚度宜选择20 mm或30 mm;橡胶垫板厚度设置在10 mm为宜。

本书由华东交通大学张鹏飞、邓诏辉撰写。撰写分工为:张鹏飞负责第1章、第4章和第6章,邓诏辉负责第2章、第3章和第5章,最后统稿工作由张鹏飞完成。硕士研究生徐朗在书稿撰写过程中做了文献整理、数据处理以及内容修订工作。

本书在编写过程中参考了国内外相关教材、文献及相关规范,对其作者表示感谢。本书主要适用于门式起重机走行轨系统结构设计及施工人员,也可以作为高等院校教师和铁道工程专业学生的参考用书。限于作者水平,书中难免存在差错和不足之处,敬请读者批评指正。

作 者

2023 年 12 月

目 录 ◀◀ Contents

第 1 章　绪　论

1.1　研究背景及意义

随着我国铁路运输的高速发展，轨道式门式起重机被广泛用于铁路货场或物流基地中，具有起重量大、起升高度高、作业跨距大、工作效率高等优势。走行轨系统是轨道式门式起重机系统的基础，是保证起重机安全服役的关键。

针对门式起重机走行轨系统，目前尚无相关标准及规范[1]，现常用的走行轨系统主要有两种形式：参考常规铁路的弹条扣件式轨道系统和参考国家标准图集《吊车轨道联结及车挡（适用于混凝土结构）》（17G 325）设计的扣板式轨道系统[2]。除此之外，另有具有焊接无缝钢轨、通长钢垫板支承、橡胶压舌柔性竖向受力压板等特征的柔性轨道系统，我国从 20 世纪 90 年代开始引进，常应用于大型钢厂、港口码头的门式起重机，在铁路货场中应用较少。参考铁路的弹条扣件式轨道系统和参考国家标准图集设计的扣板式轨道系统，在应用于铁路货场门式起重机时都或多或少存在一些问题，产生了各种各样的病害，对后续的维护保养及门式起重机作业都产生了很大的影响。各轨道系统的差异对照[3]见表 1-1。

表 1-1　各轨道系统对照表

名称	弹条扣件轨道系统	扣板式轨道系统	柔性轨道系统
钢轨联结	鱼尾板联结	夹板联结、焊接	焊接
压板	弹条扣件	普通压板	楔形自锁压板
垫板	块式	块式	通长钢垫板
找平层	有挡肩支承块	混凝土	高强度无收缩灌浆料
压板与基础链接	不分开式	不分开式	分开式
垂直受力	弹条扣件弹性受力	刚性受力、橡胶压舌柔性受力(带橡胶压舌时)	橡胶压舌柔性受力
抗横向力	未明确	未明确	不小于 120 kN
造价	量大,价格低	量较大,价格较低	量小,价格较高
维护	半年维护一次,维护量大	维护量大	维护量小,寿命长

随着我国交通运输与物流的快速发展,对铁路货场内长大笨重货物及集装箱的运输提出了更高的要求,门式起重机的跨度及起重吨位越大,运营中其走行轨系统出现的病害也日益增多。现场运营中走行轨系统出现的病害如图 1-1 所示。

图 1-1　现场运营中走行轨系统出现的病害

目前,门式起重机走行轨系统主要存在以下病害[3]:

①扣配件普遍出现铁垫板下橡胶垫板压坏或窜出,铁垫板压弯变形、锈蚀变薄,钢轨与铁垫板脱离等问题,导致走行轨轨面磨损严重、平顺性不足,槽

底纵向高低不平等病害问题。

②轨道接头夹板、螺纹道钉松动变形甚至已无法拧紧，钢轨联结处高低不平，轨道直线平顺度较差。

③走行轨承轨槽排水不畅、淤积严重，基础浸水后经反复碾压加速破坏。

④轨道结构发生变形或破损后，维护时仅通过重新紧固螺栓、增加橡胶垫片等措施整治，并未从源头解决问题，甚至无法保证走行轨系统轨道平顺性，导致工作环境继续恶化、变形加剧，甚至产生更严重的啃轨、断轨、基础破坏等病害。

起重机走行轨轨道系统是保证起重机行走的关键，也是导致起重机运行病害的重要来源，所以对轨道系统的研究显得尤为重要。走行轨系统病害直接影响门式起重机的工作状态，给运输生产带来安全隐患。因此评估门式起重机走行轨系统运营状态，检算走行轨系统结构受力情况，研究走行轨系统病害成因及对应的整治措施，并对门式起重机现有走行轨系统结构进行优化是长大笨重货物运输与物流发展过程中亟待解决的关键问题。

为保证轨道式门式起重机安全平稳运行，延长走行轨结构服役寿命，本书拟采用现场勘查、理论分析和数值模拟相结合的方法对门式起重机走行轨系统就安全服役与结构优化等方面展开研究。本书将结合既有资料、相关标准文件，通过现场踏勘、站段走访等方式，评估服役中门式起重机走行轨系统的健康状况，探索病害成因及对应整治措施。利用有限元软件 ANSYS，建立走行轨系统实体模型，检算不同运营条件下走行轨系统结构受力特性，计算分析走行轨系统影响因素及结构参数优化。为既有走行轨系统病害整治、结构优化的措施及方案和新建走行轨系统更合理的建设方案提供理论参考。

1.2 国内外研究现状

1.2.1 国内研究现状

李磊[4]通过有限元软件 ANSYS 建立了门式起重机走行轨系统有限元模型，对走行轨新型固定装置进行了计算分析，从理论上研究了最不利工况下走行轨新型固定装置的受力及状态分析，并对新型装置进行了静态荷载试验与疲劳试验，检验了固定装置在长期工作条件下的性能、装置的极限承载能力及装置各零部件的疲劳寿命情况。

吴爱京[5]分析了起重机轨道的受力，推导了起重机轨道压板所受的外力，并采用有限元法求解了轨道压板各部位的应力分布情况，以此判断轨道压板的安全性。魏国前等[8]以有限元技术为研究手段，研究了轨道和轨道压板的有限元建模方法及载荷与约束的施加，针对计算结果分析了轨道压板布置形式对轨道压板受力状态的影响。

雷晓燕等[6]提出了一种能够自动调节超高值的液压杆式轨枕，基于有限元法建立了轨枕及下部结构的三维模型，分析了在列车荷载作用下轨枕及下部结构在不同外轨超高状态下的结构强度，探究了铰接件垫板面积、铰接件宽度、导向块长度和外轨支承钢块厚度等参数对轨枕及下部装置的结构强度的影响规律。张鹏飞等[7]针对CRTS Ⅲ型板式无砟轨道在运营阶段的受力变形问题，运用有限元法建立了无砟轨道空间耦合模型，计算了列车荷载作用下轨道及桥梁结构力学特性，分析了不同列车荷载作用长度、桥上扣件纵向阻力及墩台顶固定支座纵向刚度对轨道及桥梁结构力学特性的影响。

张树峰[9]基于非线性接触理论，利用有限元软件 ANSYS，建立了福斯罗300 型钢轨扣件系统的有限元模型，并根据弹条安装使用的真实状况确定了模型的边界条件，计算分析了扣件系统精确安装位置、扣件扣压力、最大等效应力值和不同垂向力及横向力作用时扣件系统抵抗钢轨抗倾翻的性能；同时以实测钢轨波磨数据为激励，分析了轨下胶垫刚度和波磨波深对扣件弹条在垂、横、纵三个方向的受力状态及运动状态的影响。

罗曜波等[10]为分析 WJ-7 型扣件弹条在列车高速运行下所引起的钢轨对弹条的冲击影响，采用 midas FEA 有限元软件建立了详细的扣件系统有限元模型，基于车辆-轨道耦合动力学理论，分析了 WJ-7 型扣件弹条在安装过程中的受力及列车冲击荷载作用下的受力特性；通过对比分析静力与不同冲击力下的弹条应力大小及位置得出冲击力对弹条的应力破坏有着显著影响。

刘铁旭[11]基于静力学理论、断裂理论等对弹条伤损机理进行了研究，通过模拟弹条断裂的整个过程，实现了对弹条在断裂前和断裂过程中的疲劳寿命的预测，并提出了相关的优化建议。

牟家锐等[12]从目前设备使用实际情况出发，比较分析了焊接式小车轨道与压板式小车轨道的优缺点，将焊接式轨道改进为压板式轨道，完成了小车轨道装配工艺技术改进。

葛文豪[13]从动力学角度对起重机的轨道固定装置进行了研究，提出了一种等效轨道压板螺栓模型的方法，通过疲劳分析软件，对比分析了螺栓焊缝断裂前后周边螺栓焊缝的寿命变化。

曹峻铭等[14]针对小车频繁过轨振动引起的轨道压板螺栓松动或压板处开焊的现象，分析了螺母松动的原因并提出了相应的改进措施，同时对轨道压板焊缝开裂进行了研究，找到了检查及修复方法，可以尽量避免此类危险情况的发生。饶刚等[15]采用有限元分析技术进行分析，得出了螺栓焊缝开裂的原因。

卢学峰等[16]经现场勘查，针对部分轨道压板螺母常发生松动且因螺母松动导致个别轨道压板脱离轨道的现象，对螺母松动进行了原因分析并提出了相对应的改进措施，为龙门吊安全运营消除了一定的安全隐患。沈力来[17]针对桥式起重机压板式轨道使用一段时间后轨道压板产生后退松脱的现象，提出了增加一套螺栓预紧装置的改进措施，该措施能从根本上解决轨道压板后退松脱问题，也延长了橡胶垫的使用寿命，其缺点是结构比原装置复杂且只适用于压板式轨道改造。

贤慧[18]对扣件系统螺栓松动问题进行了深入研究，成功研制了由防转垫圈和防松螺母组成的波浪形弧面新型防松结构。杜志辉[19]为减小走行轨接头处起重机车轮运行时的冲击、振动，对轨道接头形式进行了改进。

王峰[20]结合盾构始发站车站扩大端设计工况，选择用贝雷梁作为门式起重机走行轨基础梁的设计方案，通过基础梁功能设计、结构形式、力学计算，并采用 ANSYS 软件进行数值建模计算分析，得出贝雷梁作为走行梁基础是值得推广的一种选择方案。

李铭[21]通过建立空间力系的力学平衡方程分步骤地对桥式起重机基础的受力情况进行了力学分析，定量分析了桥式起重机基础受力，并与基础中钻孔内的混凝土抗拉强度进行了比较分析，为桥式起重机基础的设计和施工提供了科学依据和理论指导。

张鹏飞等[22-25]针对铁路轨下基础沉降引发的上部结构不平顺问题，研发了一种能够自动补偿轨下基础沉降的锯齿互锁式钢枕，基于有限元法建立了钢枕的三维空间有限元模型，研究了该结构受力特性，分析了钢枕宽度、高度，以及顶、底板厚度等参数对钢枕各向强度的影响规律，还探究了轨下胶垫刚度、钢枕间距及道床弹性模量等参数对钢枕轨道结构受力特性的影响规律。

邢俊等[26]基于弹条Ⅲ型弹性分开式扣件设计了一种新型扣件,从主要参数及结构设计方面将其与弹条Ⅲ型扣件做了较全面的对比,并对新型扣件系统中铁垫板和螺栓的受力及变形进行了分析,得出新型扣件系统在使用寿命和养护维修方面具有一定优越性;同时在扣件系统受力变形较大的情况下,在结构优化的基础上可以通过改善扣件材料来改善整体受力状态,提高扣件系统整体强度。

程保青等[27]采用数值仿真计算、试制及室内试验等方法对传统扣件进行了优化研究。通过加大弹条尾部圆弧和增加弹条与铁垫板接触面积,提高弹条稳定性;并采取减薄铁垫板、弹条插入孔改为长圆孔、优化锚固螺栓及轨距块等措施,使扣件系统结构、使用寿命、养护维修等方面较同类型扣件具有一定优越性,得出该新型扣件具有较好的强度、耐久性、弹性及绝缘性能。

赵芳芳[28]通过有限元法,研究了不同列车行车速度、不同列车轴重等工况下扣件弹条的接触性能,得出扣件弹条发生塑性变形时列车行驶速度、列车轴重的限值;探究了直线地段及曲线地段处Ⅱ型与Ⅲ型两种弹条扣件受动荷载作用时的弯曲应力,提出了Ⅱ型弹条扣件在客运的曲线轨道处要比直线轨道处更容易发生塑性应变、Ⅲ型弹条扣件在重载铁路的直线轨道处比曲线轨道处较易产生塑性应变问题;基于Ⅱ型弹条扣件特点进行了尺寸和结构上的优化设计。

尚红霞[29]基于非线性接触理论,利用有限元方法,分别建立了Ⅲ型和PR型两种弹条扣件系统的有限元模型,研究了Ⅲ型和PR型弹条扣件扣压力与弹程之间的关系,详细分析了弹条现场引起破坏的诱因,并对扣件系统优化进行了分析且提出了建议、措施;探究了不同波长和波深的钢轨波磨对两种类型弹条扣件加速度、扣件系统作用力、弹条破坏的极限应力的影响,探讨了轨道弹条断裂与弹条的固有振动特性的关联性,并提出了相应的建议措施。

王开云等[30]针对铁路钢轨扣件系统,分别考虑了扣压件及垫层的弹性特性和扣件系统中扣压件的预压力,建立了垂向动力分析模型,并推导了钢轨受力方程,基于车辆-轨道耦合动力学理论,对扣件系统垂向振动特性进行计算分析。其研究表明,在铁路轨道扣件系统的动力分析与设计研究中,有必要分开考虑扣压件及垫层的弹性特性。

崔仑等[31]为了弄清桥式起重机轨道压板结构在安装和工作过程中受载及变形状况和力的传递方式,对该结构进行了受力测定。其研究发现,对于重型工作制的大吨位桥式起重机，大车运行轨道受到的冲击力大，应采用压板式轨道固定装置，它可以保证轨道安装时的平直性，减少由轨道变形引起的啃轨现象。

郭恭兵等[32]为探明 DZ Ⅲ 型扣件系统铁垫板以上较为复杂的列车横向荷载的传递规律，采用室内试验和建立三维有限元模型相结合的方法，分析了列车横向力在扣件系统铁垫板以上的传递过程，并由此进行了各类影响因素对扣件系统铁垫板以上横向传力及横向刚度规律的研究，提出了在进行扣件系统刚度设计时，若想控制不同阶段横向刚度的取值，可以采取调整轨下垫板摩擦系数的措施。

张红兵等[33]分析了有限元模型中螺栓载荷直接施加法的局限性，提出了用温度法模拟螺栓预紧力的观点，推导了温度模拟公式。通过算例，说明用温度法可以方便、准确地模拟螺栓的载荷情况，提高了有限元分析的精确度。

非线性接触问题具有复杂性，王月宏[34]研究了接触有限元方法，得出了求解非线性接触问题的迭代步骤，并分析了有限元软件的接触类型、方式及算法；以一对啮合齿轮为例，利用 ANSYS Workbench 软件进行接触强度分析，验证了该方法的可靠性。

许佑顶[35]探究了关于扣件的扣压力、绝缘性、刚度等多方面的重点设计要求，提出了如何合理选用扣件的类型，并结合扣件的性能参数，使扣件系统发挥最优的性能，既经济又安全。

刘万钧等[37]应用赫兹理论，从接触角度对车轮与轨道进行了理论分析，建立了车轮与轨道的有限元模型，根据不同接触面尺寸分析了轨道应力分布与变化情况，确定了轨道截面的薄弱位置。马晓川等[36]基于近场动力学理论，提出了循环车轮荷载作用下的钢轨疲劳裂纹萌生预测方法，并编写了相应的计算机程序，分析了车轮滚滑状态对钢轨疲劳裂纹萌生寿命及位置的影响规律。

张迎新等[38]建立了起重机轮轨相互作用的接触力学模型，分析了在紧急制动或车轮卡死工况下起重机的运行状况，研究表明起重机频繁运行时，轮轨之间的摩擦因数并不是定值，起重机运行速度也会对轮轨接触面的温度产生影响。

刘绍武[39]使用非线性有限元方法对轮轨关系进行了三维弹性及弹塑性分析，得出了载荷与应力关系曲线。董杰等[40]探究了起重机车轮运动过程中，轮轨之间的接触斑形态不断变化，最大复合应力比静态时大、渗透深度比静态时小，同时在竖直方向的应力变化梯度大。耿广辉等[41]研究发现桥式起重机通常处于温差较大的环境中，钢结构受热膨胀系数大导致轨道膨胀或弯曲，同时受轨道接口处的加工间隙影响，易产生安全隐患。

辛运胜等[42]为分析起重机运行过程中轨道连接处缺陷对金属结构冲击系数的影响，通过正、余弦函数分别模拟高低缺陷和间隙缺陷所引起的不平度，并采用起重机越过轨道缺陷过程的动力学模型研究了轨道缺陷对起重机剩余寿命的影响。研究表明，起重机的临界裂纹长度、疲劳剩余寿命均随着轨道缺陷的增大而减小，而影响程度随着轨道缺陷的增大而增大，轨道缺陷增大会使运行冲击系数增大且导致起重机主梁剩余寿命降低。

1.2.2　国外研究现状

Oda 等[43]采用理论和实验相结合的方法，研究了起重机走行轨扣件系统的夹紧效果。对于理论模型，考虑了带有一对钢轨扣件的单位钢轨长度模型，将该模型理想化为由多个弹簧单元组成的等效弹簧系统，并建立了刚度常数；利用该模型和弹性基础梁理论，对实际钢轨模型中多对钢轨扣件的动力行为进行了理论分析，通过计算得到了接头螺栓夹紧力与走行轨位移的变化规律。

为确保铁路扣件系统在与轨道传递力相关的机械作用下正常工作，Casado等[44]采用 Locati 方法对聚合物部件进行了疲劳表征，通过试验研究了扣件系统中轨距挡块在不同钢轨横向位移及不同温度下的变形，研究表明轨距挡块的变形呈现出比较规则的滞回环曲线。Casado 等[45]通过试验研究了轨距挡块在不同钢轨横移下的刚度变化规律，同时观测轨距挡块材料组织的破坏情况。在静态试验中发现，扣件载荷和变形结果断裂时出现轻微的差异，但在动态条件下不会发生这种情况。

Faure 等[46]致力于减轻轨道交通的地面振动。重点设计了低刚度的有砟轨道扣件系统，通过滤波效应来降低地面振动，同时进行了试验研究。该扣件系统可以实现最大 20 dB 的减振，但其缺点是在车辆轨道共振频率上放大最大 10 dB。

Hess 等[47, 48]对在重力荷载和轴向谐波振动作用下螺纹构件的扭转进行了运动学分析，将由外加振动和由此产生不稳定的摩擦相互作用引起的复杂扭转运动分解为一系列简单的运动形式，分析了在工作状态下螺母松动主要取决于振动频率与振动能量级。

扣件的刚度和阻尼，特别是夹在钢轨和轨枕之间的弹性垫，是决定铁路轨道动力性能的重要参数。Thompson 等[49]对应用于轨道的多种类型扣件系统展开了动力学试验相关研究，在 100~1000 Hz 范围内的预载荷下对轨道扣件系统的垂直和横向动态刚度进行了实验室测量，并重点分析了高频振动特性对于整个扣件系统的影响。研究发现，除了共振的发生外，刚度与频率几乎无关；现场测量中明显的阻尼损失因子通常高于在试验台中测量的阻尼损失因子。

在走行轨的扣件系统中，螺栓连接问题是该装置出现故障或失效的主要原因之一，螺栓连接问题本身属于非线性问题，但为了方便开展研究工作，大多数学者将其处理为线性问题，基本都借助于诸如 ANSYS 之类的有限元分析软件，为此，在研究过程中将螺栓连接进行了简化处理。简化处理的方式各式各样，大致可以分为以下几种[50, 51]：一是通过直接使用 bolt 一体化建模；二是把接触面的节点运用刚性单元进行连接；三是 Beam 单元+接触条件；四是 Solid 单元+接触条件。

Kukreti 等[52]提出了一种基于有限元建模的螺栓连接钢端板弯矩-旋转关系的分析方法。其中，螺栓的杆、头和螺母采用三维元素建模，圆形螺栓的杆区域采用等效矩形区域建模。利用该有限元模型进行了参数度量研究，以确定各种几何和力相关变量对最大端板分离预测的影响。然后分析了足够的案例，涵盖了这些变量在实际范围内的变化。最后将收集到的分析数据进行回归，建立了一个预测方程对连接的一般行为进行描述。

Sherbourne 等[53]提出了一个扩展端板连接的三维模型，该模型使用板单元作为端板、梁、柱法兰、腹板和柱加强筋。螺栓杆采用桁架单元，螺栓头和螺母采用实体单元建模。Sherbourne 等[54]建立了三维有限元模型，以评估该模型对连接部件的撬动作用和逐渐塑性的适用性。Bose 等[55]和 Bursi 等[56]等进行了类似的研究。

Bursi 等[57]研究了扩展端板连接有限元建模中最重要问题的影响。这些问题包括本构关系、步长、积分点数量、运动学描述、单元类型、离散化、螺栓建模和螺栓预应力。对于螺栓建模，他们提出了一个由刚性梁单元（在螺栓头部平面）连接到位于螺栓中心的梁的自旋模型。在某些情况下，如 Choi 等[58]采用非线性元素进行精确和复杂的螺栓组合建模，除非进行精确的斑片试验，否则可能会延迟或破坏单调收敛。

扣件系统中的胶垫放置在钢轨底座和预应力混凝土枕木之间，在扣件系统结构中起着重要作用，提供了线路的弹性，并抑制了钢轨传递给轨枕的振动，从而避免了混凝土轨枕的开裂，防止了压载物的磨损，还提供轨道之间的电气绝缘。Carrascal 等[59]对扣件系统中的胶垫在不同环境（主要指标为温度）下的力学性能进行了分析，测量了胶垫静态和动态刚度的演变，还测量了相关的能量参数，建立了胶垫所经历的恶化程度的指数 Ed 进行评估，得出了胶垫在正常工作的温度范围。分析结果表明，正常工作时，胶垫的力学性能不会发生明显的变化，当工作温度超过正常范围内时，可以采取增加工作环境的湿度来改善其工作状况。

Szurgott 等[60]将垂直于钢轨脚部的垂向力等效为沿所选有限元模型边缘均匀分布的节点力，对不同型式胶垫进行了非线性静力分析，考虑了较大的位移和变形。研究结果表明，圆柱形构件对刚度的影响不大，最大的应力集中发生在周围框架的边缘。

Szurgott 等[61]通过有限元方法对轨道扣件系统进行了分析，重点围绕扣件系统中轨下胶垫展开研究，在承受移动荷载作用下，对胶垫的变形量及应力分布情况进行了研究。分析结果表明，胶垫的非线性刚度不仅与位移有关，而且与频率有非常重要的关系；当载荷位于轨枕之间时，轨道弯曲对垫块性能的影响是微不足道的。

Mohammadzadeh 等[62]提出了一种弹条在随机载荷作用下的疲劳可靠性分析方法。该方法可推广应用于类似的疲劳可靠性分析铁路轨道的组成。作者采用该方法，对 SKL14 型弹条进行了有限元分析，通过对仿真结果进行统计分析，得出扣件系统的应力幅值服从对数正态分布，最后分析了 SKL14 型弹条的疲劳寿命问题。

Dong 等通过大量的金属焊接实验，提出了网格不敏感结构应力计算方法，将其应用到多轴疲劳的计算中[63-65]。Sonsino 等[66]采用应力平均法、高应力体积法和裂纹扩展法三种不同的局部应力方法对不同应力集中和板厚的焊接接头进行了疲劳评定。这些方法在特定条件下和高周疲劳范围下，估算了强度或寿命，同时提出了用等效裂纹长度代替焊趾处的角缺口的概念，对焊趾处初始裂纹大小的不确定性进行了改进。随着有限元技术的提出，Goes 与 Aygul 开始从3D 效应角度来研究焊缝的疲劳寿命状况[67, 68]。

Valikhani 等[69]提出了一种基于最优小波变换的钢轨紧固件系统辨识新方法。作者以典型扣件系统为例，对不同紧固力矩下系统的模态参数进行了识别，设计并建立了一个实验装置，在不同的紧固条件下进行了测试。实验证明，这种基于小波的新策略能够准确地估计这种非线性情况下的模态频率和阻尼。同时还发现，随着预紧力的增加，连接的等效刚度增大，阻尼降低，并给出了紧固力矩与夹头系统模态刚度和阻尼之间的关系式。

由于地基的沉陷等，很多地区的起重机轨道出现了较大的高低缺陷，同时轨道在安装过程中也存在着一定的安装误差，基于某铸造起重机因轨道缺陷引起故障的事实，有必要分析在起重机大车运行过程中轨道缺陷对设备的影响。很多学者也对起重机轨道进行了深入的研究。

Euler 等[70]研究发现，起重机轨道受到由焊接缺口和集中载荷引起的复杂多轴应力作用，二者应力分量的幅值不会同时出现，而是相互交替作用导致裂纹产生，研究表明二次裂纹出现的位置与初始缺口无关。Caglayan 等[71]通过在十五天内间歇性实地收集测量铸造起重机轨道梁应力变化数据，精确校准了有限元模型，发现腹板加强筋与上法兰的连接位置容易受到疲劳损伤。Rettenmeier 等[72]对起重机轨道钢轨梁的疲劳性能进行了评估，提出了疲劳评估程序，并评估了起重机车轮载荷引起的多轴应力状态和焊接残余应力对起重机轨道梁寿命的影响。

当前学者对轨道固定装置扣件系统的研究主要体现在三个方面[4]：通过建立扣件系统有限元模型，研究了扣件系统的静力及动力特性；采用扣件系统疲劳实验的方法，分析了扣件发生疲劳破坏的原因，并提出了相关的建议；对现场测试结果进行分析，得出了扣件系统在工作条件下的性能参数，同时围绕扣件系统生产工艺和优化设计等方面展开了相关研究。

对于门式起重机走行轨系统结构安全服役及结构参数优化研究，国内外学者取得了丰硕的研究成果，但仍然存在不足之处，主要体现在以下几个方面：在建模、加载、数据精确提取及数据处理方面还没有实现一体化、集成化，可以通过开发相关系统，实现任意结构参数和荷载参数设置，建模、加载计算，以及计算结果的自动输出等功能；尚未针对不同病害下各构件的损伤程度及安全系数进行讨论；门式起重机走行轨系统结构化参数优化研究也还较少。因此，门式起重机走行轨系统安全服役与结构优化研究是十分必要的。

1.3　研究内容与技术路线

　　本书在综述走行轨系统结构研究现状的基础上，以某铁路物流基地为研究对象，采用现场测试与数值分析相结合的方法，建立门式起重机走行轨系统结构空间精细化耦合模型，分析不同型式门式起重机下走行轨系统结构力学特性，探索不同病害对走行轨系统结构的影响，对走行轨系统结构进行参数优化研究；从运营维护和理论设计的角度，提出走行轨系统结构参数优化建议。研究路线如图 1-2 所示，主要研究内容如下：

　　(1)门式起重机走行轨系统测试分析

　　选择某物流基地门式起重机走行轨系统结构开展现场测试。测试钢轨轨底纵向应变和垂向位移，从峰值和变化趋势的角度，分析不同起重小车位置对门式起重机走行轨系统结构力学特性影响规律。

　　(2)门式起重机走行轨系统精细化建模及分析系统研发

　　结合设计图纸及现场设计情况选取模型参数，基于结构力学及有限元方法，建立门式起重机走行轨系统结构空间精细化有限元模型，将计算的起重机荷载和规范中的扣压力大小施加到有限元模型中。基于 C++ 编程语言，对ANSYS 软件进行二次开发，研发门式起重机走行轨系统结构力学特性计算程序。通过与现场实测数据对比，验证本书有限元模型的准确性，以及结构力学特性计算程序的通用性和可靠性。

　　(3)门式起重机走行轨系统结构力学特性分析

　　利用建立的门式起重机走行轨系统结构空间精细化模型，通过改变荷载大小及作用位置，分析不同起重荷载、起重小车不同位置及不同起重机荷载作用位置对走行轨系统结构力学特性。

　　(4)门式起重机走行轨系统病害分析及结构参数优化研究

　　针对门式起重机走行轨系统频发的病害问题，探究铁垫板脱空、铁垫板锈蚀、橡胶垫板老化等病害对走行轨系统的结构力学特性影响，对门式起重机走行轨系统进行垫板长度、垫板宽度、铁垫板厚度及橡胶垫板厚度结构参数优化研究。

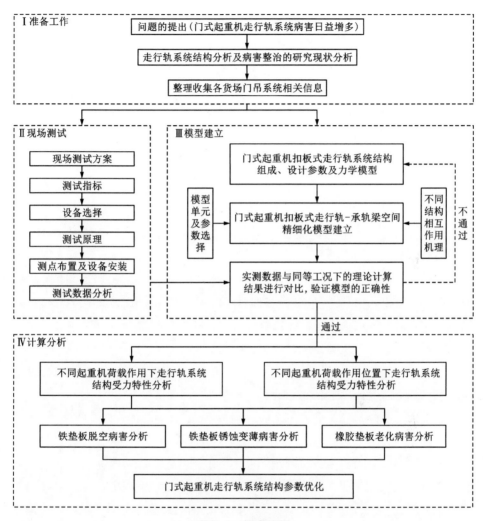

图 1-2 技术路线

第2章　门式起重机走行轨系统测试分析

门式起重机走行轨系统在服役过程中，由于车轮冲击、疲劳效应、温度效应、基础沉降等因素的耦合作用，走行轨系统不可避免地产生伤损累计、承载能力退化等现象，一旦发生破坏，将直接影响门式起重机的安全、平稳运营，造成巨大损失。因此，掌握走行轨系统的受力和变形状态，对门式起重机走行轨系统安全服役具有重要意义。

2.1　测试内容及设备选择

为掌握门式起重机走行轨系统的受力和变形状态，对钢轨纵向应变及垂向位移进行了现场测试。选用 KFG-2-120-D16-11L1M2S 型应变片，用来测量钢轨纵向应变，其电阻为 120.4 Ω，长度为 2 mm，应变系数 K_s 为 2.12。选用 INV9661 型应变式位移计，用来测量钢轨位移，其量程为 10 mm。如图 2-1 所示，这是一款安装方便、牢固可靠、分辨率极高的应变式位移传感器，可用于土木桥梁、轨道交通等行业的位移测试。该传感器结构简单、安装方便，一般不需要借助任何工具即可进行安装；设计巧妙，安装牢固可靠；防水、防潮设计，可用于长期的检测或监测；可重复使用。

测试采用的数据采集仪为 NI CRIO-9031，如图 2-2 所示，采用触发采样进行监测，配合 NI 采集系统，如图 2-3 所示，可对钢轨纵向应变及垂向位移进行现场测试。

图 2-1　INV9661 型应变式位移计

图 2-2　NI CRIO-9031 数据采集仪

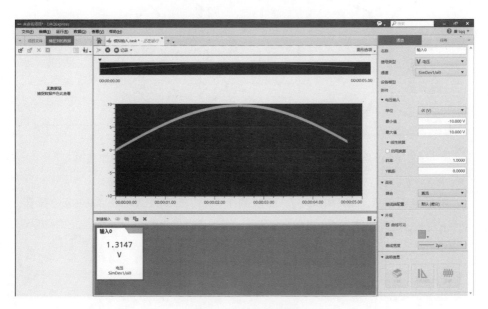

图 2-3　NI 采集系统

2.2 测试原理

2.2.1 应变测试原理

测点应变片的粘贴方向和位置如图 2-4 所示，其中 R_1 和 R_3 用于测量钢轨纵向应变，以平行线路方向粘贴于钢轨轨底[73]。

由于应变引起的电阻变化非常小，直接测量难度较大，可以形成惠斯通电桥将电阻变化转换为电压变化进行测量。故本次测试采用惠斯通电桥原理，对钢轨纵向应变进行测试，如图 2-5 所示。其中，惠斯通电桥的四个桥臂由电阻 R_1 至 R_4 组成，V_s 为桥路激励电压，V_0 为电桥输出电压。

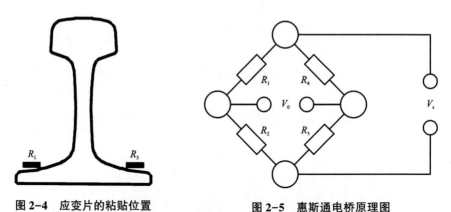

图 2-4　应变片的粘贴位置　　　　图 2-5　惠斯通电桥原理图

供电电压被 R_1、R_2 和 R_4、R_3 分成两个半桥，即每个半桥形成一个分压器。由于 R_1、R_2 和 R_3、R_4 的电阻电压不同，电桥可能不平衡。

$$V_0 = V_s \left(\frac{R_1}{R_1 + R_2} - \frac{R_4}{R_3 + R_4} \right) \tag{2-1}$$

在全桥电路中，

$$V_0 = \frac{(R_1 + \Delta R_1)(R_3 + \Delta R_3) - (R_2 + \Delta R_2)(R_4 + \Delta R_4)}{(R_1 + \Delta R_1 + R_2 + \Delta R_2)(R_3 + \Delta R_3 + R_4 + \Delta R_4)} V_s \tag{2-2}$$

设定 $R_1 = R_2 = R_3 = R_4 = R$，其中 R 比 ΔR 大得多，则去除高次项：

$$V_0 = \frac{V_s}{4}\left(\frac{\Delta R_1}{R_1} + \frac{\Delta R_3}{R_3} - \frac{\Delta R_2}{R_2} - \frac{\Delta R_4}{R_4}\right) \tag{2-3}$$

由于应变，原始电阻发生变化，建立如下方程：

$$\frac{\Delta R}{R} = K_s \varepsilon \tag{2-4}$$

式中：K_s 为应变系数，表示应变片的灵敏度系数。本次测试所用应变片灵敏度系数为 2.12。

考虑 R_2 和 R_4 为温度补偿片，钢轨轨底左、右两侧纵向应变之和为：

$$\varepsilon_{\text{left}} + \varepsilon_{\text{right}} = \frac{4}{K_s} \cdot \frac{V_0}{V_s} \tag{2-5}$$

式中：V_0/V_s 为输出信号；$\varepsilon_{\text{left}}$ 为钢轨轨底左侧纵向应变；$\varepsilon_{\text{right}}$ 钢轨轨底右侧纵向应变。

2.2.2　位移测试原理

INV9661 型应变式位移传感器利用等强度梁各横截面上的最大正应力都相等的特点，在等强度梁的正、反两面各粘贴 2 个应变片，如图 2-6 所示，组成弯曲全桥(惠斯通电桥)，如图 2-7 所示，在被测结构发生位移变化时，引起应变位移计发生变形，从而使应变片阻值发生变化，利用惠斯通电桥将电阻变化转换成电压变化，通过采集设备记录整个变化过程，最后通过微应变和位移的转换关系即灵敏度(1 mm 0.328 mV/V)得到最后的位移量。

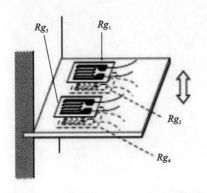

图 2-6　传感器内部应变片粘贴示意图

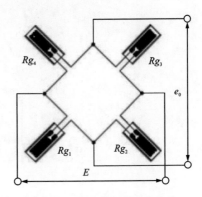

图 2-7　传感器惠斯通电桥图

2.3 测点布置及设备安装

选取门式起重机走行轨系统中某扣件支座的跨中部分为测试断面,钢轨左、右两侧纵向应变之和及钢轨轨底与基础梁垂向相对位移的测点均布置在钢轨轨底处。其中,数据采集仪安装在远离门式起重机的地面上,如图 2-8(a)所示,采用移动电源对其进行供电。对需要粘贴应变片和布置位移传感器的位置进行钢轨打磨,使其具有足够的粘贴表面,使用强力胶将应变片粘贴在钢轨上,应变片的安装如图 2-8(b)和图 2-8(c)所示。位移传感器底座用 AB 强力胶固定在承轨槽处,位移传感器的安装如图 2-8(d)所示。测试设备安装固定后,对仪器进行调试,确保设备正常工作。

(a) 数据采集仪

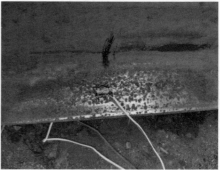

(b) 钢轨左侧应变测点

(c) 钢轨右侧应变测点

(d) 钢轨位移测点

图 2-8 现场测试设备安装

2.4　测试数据分析

　　针对门式起重机右侧走行轨系统测试断面，通过改变起重小车不同位置（起重小车位于起重机的左侧悬臂端、正中间、右侧悬臂端），进行了三种不同工况的现场测试。为研究门式起重机走行轨系统的结构力学特性，主要对钢轨轨底左、右两侧纵向应变之和及钢轨轨底与基础梁垂向相对位移进行了测试，其运行速度为 3.98 km/h，测试结果如图 2-9~图 2-11 所示。

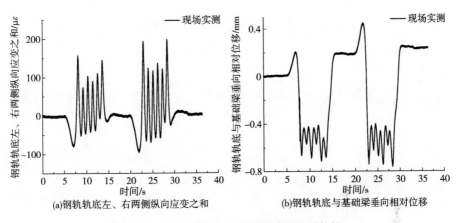

(a)钢轨轨底左、右两侧纵向应变之和　　(b)钢轨轨底与基础梁垂向相对位移

图 2-9　起重小车位于左侧悬臂端实测数据

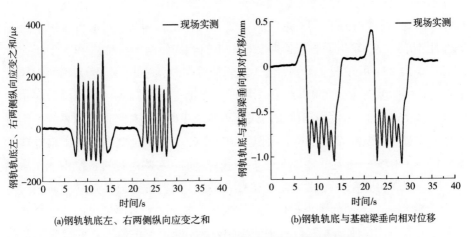

(a)钢轨轨底左、右两侧纵向应变之和　　(b)钢轨轨底与基础梁垂向相对位移

图 2-10　起重小车位于起重机正中间实测数据

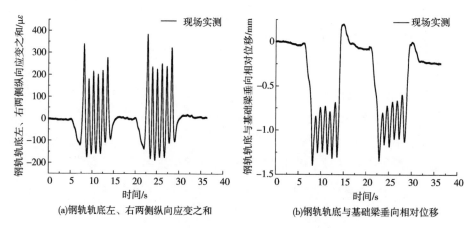

(a)钢轨轨底左、右两侧纵向应变之和   (b)钢轨轨底与基础梁垂向相对位移

图 2-11　起重小车位于右侧悬臂端实测数据

表 2-1　实测数据最大值汇总表

起重小车位置	钢轨轨底左、右两侧纵向应变之和 /με	钢轨轨底与基础梁垂向相对位移 /mm
位于左侧悬臂端	198.372	0.758
位于正中间	300.155	1.075
位于右侧悬臂端	383.826	1.393

从图 2-9、图 2-10 和图 2-11 可以看出：不同起重小车作用位置对钢轨轨底左、右两侧纵向应变之和及钢轨轨底与基础梁垂向相对位移的变化趋势影响较小，其变化趋势主要受门式起重机一侧走行车轮影响，一侧走行轨中两组车轮相距 10.14 m，轮组间相互影响较小；钢轨轨底纵向拉应变之和大于压应变之和。由表 2-1 可知：起重小车位于左侧悬臂端时，右侧走行轨系统中钢轨轨底左、右两侧纵向应变之和最大值为 198.372 με，钢轨轨底与基础梁垂向相对位移为 0.758 mm；起重小车位于门式起重机正中间时，右侧走行轨系统中钢轨轨底左、右两侧纵向应变之和最大值为 300.155 με，钢轨轨底与基础梁垂向相对位移为 1.075 mm；起重小车位于右侧悬臂端时，右侧走行轨系统中钢轨轨底左、右两侧纵向应变之和最大值为 383.826 με，钢轨轨底与基础梁垂向相对位移为 1.393 mm；不同起重小车作用位置对钢轨轨底左、右两侧纵向应变之和及钢轨轨底与基础梁垂向相对位移幅值影响较大，起重小车位于悬臂端时偏载量

为起重小车位于中间时的 1/3，与门式起重机有效悬臂端长度(9.5 m)和跨度 (30 m)之比相近。

2.5　本章小结

　　本章对门式起重机扣板式扣件走行轨系统结构展开了现场测试，对钢轨轨底纵向应变及垂向位移进行了数据采集。通过对测试数据进行分析，得出结论：不同起重小车作用位置对钢轨轨底左、右两侧纵向应变之和及钢轨轨底与基础梁垂向相对位移的变化趋势影响较小，TJMQ 40.5 t-30 m 门式起重机不同轮组间相互作用影响较小；钢轨轨底左、右两侧纵向拉应变之和大于压应变之和；起重小车位于悬臂端时偏载量为起重小车位于中间时的 1/3。

第 3 章 门式起重机走行轨系统精细化建模及分析系统研发

针对门式起重机走行轨系统这一复杂结构体系，建立与现场工程实际更加符合的精细化模型是保证计算精度和可靠性的前提。本章结合门式起重机走行轨系统各结构的特点，采用参数化建模方法，建立门式起重机扣板式扣件走行轨系统空间精细化有限元模型，运用 ANSYS 参数化语言 APDL、C++语言及集成开发框架 Qt Creator，研发门式起重机走行轨结构受力特性计算分析系统。该系统可实现任意结构参数和荷载的设置，建模、加载计算，计算结果处理与分析等功能。通过与第 2 章中现场实测结果进行对比分析，验证本书模型的正确性及分析系统的通用性和可靠性。

3.1 门式起重机走行轨系统精细化建模

门式起重机扣板式扣件走行轨系统结构由钢轨、扣板式扣件、混凝土等组成，其横截面示意图如图 3-1 所示。其中扣板式扣件由螺纹道钉、螺帽、双层弹簧垫圈、平垫圈、扣铁、铁垫板、橡胶垫板组成。两条走行轨全长范围内等高，且均为直线、平坡。扣件间距 0.5 m，其平面布置图详见图 3-2 所示。

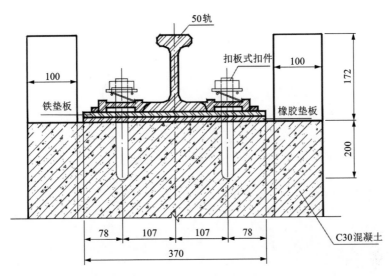

图 3-1　门式起重机扣板式扣件走行轨系统横断面示意图(单位: mm)

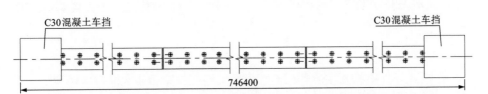

图 3-2　门式起重机扣板式扣件走行轨系统扣件平面布置示意图(单位: mm)

3.1.1　单元与参数的选择

(1)钢轨

门式起重机走行轨系统中钢轨一般采用 P50 钢轨(材料为 U71Mn),本书采用 ANSYS 软件中自带的 SOILD185 实体单元模拟,钢轨有限元模型如图 3-3 所示。其中钢轨截面面积为 65.8 cm^2,弹性模量取 2.1×10^5 MPa,密度取 7800 kg/m^3,泊松比取 0.3,水平惯性矩为 2037 cm^4。

(2)螺纹道钉、平垫圈

螺纹道钉型号为 M24×300,直径为 24 mm,高为 300 mm(道钉预埋深度为 200 mm);平垫圈型号为 M24,厚度为 6 mm,内径为 25 mm,外径为 50 mm。

本模型对结构进行了适当的模型简化，用 SOILD185 实体单元进行模拟，如图 3-4 所示。螺纹道钉和平垫圈结构材料均为 Q235 钢，弹性模量取 2.1×10^5 MPa，密度取 7860 kg/m³，泊松比取 0.288。

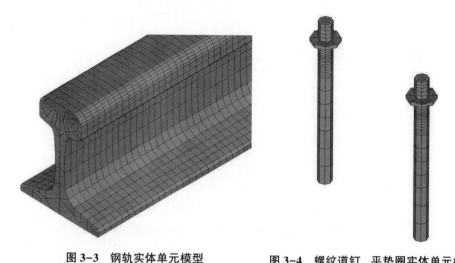

图 3-3　钢轨实体单元模型　　　　图 3-4　螺纹道钉、平垫圈实体单元模型

（3）扣板

扣板式扣件中扣板主要作用是将钢轨固定在铁垫板上，保持轨距和阻止钢轨的纵、横向移动。在仿真模拟中，采用 SOILD185 实体单元，根据设计图纸及相关规范中几何和结构参数，对扣板进行有限元建模，如图 3-5 所示。扣板材料为黑心可锻铸铁（KTH350-10），弹性模量取 2.1×10^5 MPa，密度取 7850 kg/m³，泊松比取 0.3。

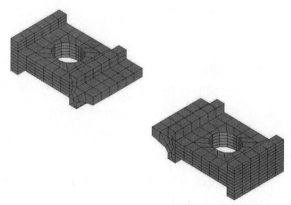

图 3-5　扣板实体单元模型

(4)铁垫板与扣板挡铁

门式起重机走行轨系统中的铁垫板与扣板挡铁是整体浇铸,故在建模中整体考虑。铁垫板长 370 mm,宽 200 mm,厚 10 mm;扣板挡铁长 90 mm,宽 20 mm,厚 12 mm。二者材料均为黑心可锻铸铁(KTH350-10),弹性模量取 $2.1×10^5$ MPa,密度取 7850 kg/m³,泊松比取 0.3。有限元仿真中采用 SOILD185 实体单元进行建模,网格划分后如图 3-6 所示。

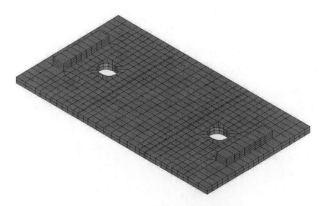

图 3-6　铁垫板实体单元模型

(5)橡胶垫板

门式起重机走行轨系统结构中的橡胶垫板主要起减振、缓冲作用,能防止上部构件应力过大而将下部混凝土压溃。由设计图纸及资料可知,其长度为 370 mm,宽度为 200 mm,厚度为 10 mm,材料性能见表 3-1。

表 3-1　橡胶垫板材料性能

序号	项目	要求
1	邵氏 A 硬度/度	72~82
2	拉伸强度/MPa	≥12.5
3	拉断伸长率/%	≥250
4	200%定伸应力/MPa	≥9.6
5	恒定压缩永久变形(100 ℃,24 h,50%)/%	≤30
6	阿克隆磨耗(试样磨耗体积)/(cm³/1.61 km)	≤0.6

续表3-1

序号	项目		要求
7	热空气老化(100 ℃，72 h)	拉伸强度/MPa	≥10
		拉断伸长率/%	≥150

由设计资料可知，橡胶垫板的邵氏 A 硬度要求为72~82，数值仿真模型中取 72。其中，橡胶的硬度与弹性模量的关系式如式(3-1)所示[74]。

$$E = \frac{15.75 + 2.15H_a}{100 - H_a} \tag{3-1}$$

式中：H_a 为橡胶的硬度，邵氏硬度；E 为弹性模量，MPa。

由式(3-1)可知：当橡胶硬度为 72 邵氏 A 硬度时，弹性模量为 6.091 MPa。有限元模型用 SOILD185 实体单元进行模拟，密度取 1380 kg/m³，泊松比取 0.3。网格划分后如图 3-7 所示。

图 3-7　橡胶垫板实体单元模型

(6)硫黄水泥砂浆

门式起重机扣板式扣件走行轨中的螺纹道钉用硫黄水泥砂浆锚固在混凝土承轨梁的预留孔中，然后利用螺栓将扣板扣紧。硫黄水泥砂浆锚固解决了道钉锚固技术难题，具有锚固强度高、绝缘性能好、造价低、作业简单、便于更换等优点[75]。由设计图纸可知，其厚度为 8 mm。有限元模型中采用 SOILD185 实体单元进行模拟，其弹性模量取 1.421×10^4 MPa，密度取 2650 kg/m³，泊松比取 0.2。

硫黄水泥砂浆实体单元模型如图 3-8 所示。

（7）承轨梁

由设计图纸可知，承轨梁为钢筋混凝土浇筑的条形基础。考虑有限元模型的准确性及计算效率，宽度取 600 mm，高度截取橡胶垫板底部往下 300 mm；考虑不同型式门式起重机走行轮的间距，长度分别取 20 m、40 m。混凝土型号为 C30 混凝土，其弹性模量取 3.2×10^4 MPa，密度取 2500 kg/m^3，泊松比取 0.2，模型选用 SOILD185 实体单元对承轨梁结构中的混凝土进行仿真模拟，如图 3-9 所示。

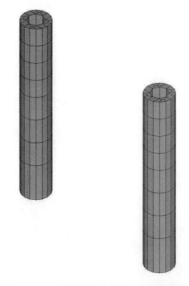

图 3-8　硫黄水泥砂浆实体单元模型

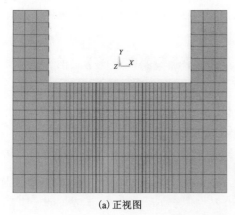

(a) 正视图

(b) 三视图（局部）

图 3-9　承轨梁混凝土结构实体单元模型

承轨梁中钢筋保护层厚度为 50 mm，主筋为直径 25 mm 的 HRB400 钢筋，箍筋为直径 10 mm 的 HPB300 钢筋，本书模型均采用 BEAM188 单元对承轨梁中的钢筋进行仿真模拟，有限元模型如图 3-10 所示。其中，主筋弹性模量取 2.1×10^5 MPa，密度取 7850 kg/m^3，泊松比取 0.3；箍筋弹性模量取 2.1×10^5 MPa，密度取 7850 kg/m^3，泊松比取 0.3。

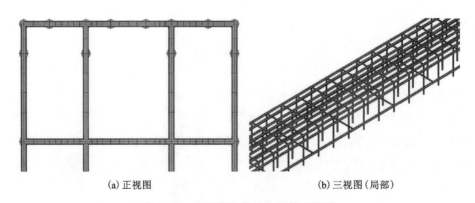

(a) 正视图   (b) 三视图(局部)

图 3-10　承轨梁钢筋结构梁单元模型

(8) 双层弹簧垫圈

在工程应用中,弹簧垫圈是一个簧丝断面为圆形的双层螺旋压缩弹簧,其刚度被压平之前可以用圆柱螺旋压缩弹簧的分析方法进行计算。由《机械设计手册》中弹簧设计准则可知,螺旋弹簧刚度计算公式如式(3-2)所示[76]。门式起重机走行轨系统结构中双层弹簧垫圈的设计材料为 $60Si_2Mn$,剪切弹性模量取 7.9×10^4 MPa。由设计资料可知,弹簧丝径为 9 mm,弹簧中径为 35 mm,有效匝数为 2 圈。根据式(3-2)计算可得,在双层弹簧垫圈被压平之前,其刚度为 0.756 kN/mm。

$$K = \frac{Gd^4}{8D^3 n} \tag{3-2}$$

式中:K 为弹簧刚度,N/mm;G 为剪切弹性模量,MPa;d 为弹簧丝径,mm;D 为弹簧中径,mm;n 为有效匝数(圈)。

在双层弹簧垫圈压平之后,其形状可以近似看成一个圆环。这时如果继续压缩,双层弹簧垫圈刚度应用近似圆环的刚度计算方法,普通垫圈刚度为

$$C_{T2} = \frac{EA}{s} = \pi E D_2 \tag{3-3}$$

式中:C_{T2} 为普通垫圈弹簧刚度,kN $\cdot$ mm^{-1};E 为弹性模量,GPa;D_2 为弹簧垫圈平均直径,mm。

双层弹簧垫圈弹性模量取 2.1×10^5 MPa,D_2 为 35 mm。根据式(3-3)计算可得,双层弹簧垫圈被压平后刚度为 23090.706 kN/mm。

当双层弹簧垫圈完全被压紧时，压力约为 9 kN，此时变形值为 12 mm。由设计资料可知：扣板式扣件在组装时，螺母扭力矩控制在 80~120 N·m。查询《机械设计手册》，螺栓扭力矩 T 与预紧力 F_0 的关系式为：

$$T = KF_0 d \qquad (3-4)$$

式中：d 为螺纹公称直径，mm；F_0 为预紧力，N；K 为拧紧力矩系数，取 0.2。

根据设计图纸，螺纹道钉公称直径 d = 24 mm，最大预紧扭矩为 120 N·m。根据式(3-4)计算可得，单个螺栓预紧力最大约为 25 kN[77]。为全面考虑双层弹簧垫圈对走行轨系统结构受力特性的影响，选用 COMBIN39 非线性弹簧单元进行仿真模拟，其扣压力-位移曲线如图 3-11 所示。

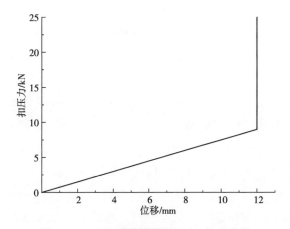

图 3-11　双层弹簧垫圈扣压力-位移曲线

在仿真模型中，扣板与平垫圈之间建立前后左右四个弹簧单元，如图 3-12 所示。

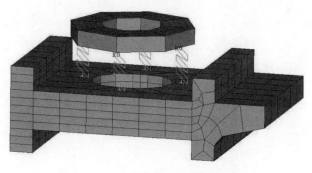

图 3-12　双层弹簧垫圈弹簧单元模型

3.1.2 接触关系及约束的设置

各部件间接触关系的有效设置是保证模型准确性的关键。接触问题属于不定边界问题，即使是弹性接触问题也具有表面非线性，其中既有由接触面积变化而产生的非线性及由接触压力分布变化而产生的非线性，也有由摩擦作用产生的非线性。从物理意义上讲，两个物体彼此接触，接触压力在两个物体间传递，同时，接触面之间存在摩擦，将产生切应力，阻止物体切向运动；从数值计算上讲，接触是极其不连续的边界条件非线性，即接触面接触时产生接触约束，接触面一旦分离，约束失效。

ANSYS 软件支持三种接触方式，即点对点、点对面和面对面的接触，每种接触方式使用的接触单元适用于某一类问题。其中，面面接触可以为工程提供更好的接触结果，例如法向压力和摩擦应力。接触类型主要分为绑定（bonded）、不分离（no separation）、无摩擦（frictionless）、粗糙（rough）和摩擦（frictional）五种类型。本书扣板式扣件走行轨系统有限元模型接触方式采用面面接触，接触类型选用摩擦和绑定两种。

摩擦接触将结构间的接触行为分成法向和切向两类。法向接触行为设置为硬接触（只存在压力，且二者不允许侵入、贯穿），通过式（3-5）定义[78]；切向则采用简化的库仑摩擦模型。绑定接触即为接触面与目标面之间无相对法向分离或切向滑移的情况。钢轨-扣板、扣板-铁垫板和扣板-扣板挡铁之间的面面接触选用摩擦接触，接触对的设置见表 3-2；模型其他各结构间接触均采用绑定接触。考虑现场实际情况及仿真模型计算结果的收敛，在钢轨两端施加纵向约束、混凝土承轨梁除上表面外其他各面均施加全约束。

$$\begin{cases} P = 0, \ 当 d \leqslant 0 \ 时（接触面分离） \\ d = 0, \ 当 P > 0 \ 时（接触面闭合） \end{cases} \qquad (3-5)$$

式中：P 为接触应力；d 为接触面间的间隙，正值表示分离，负值表示侵入。

表 3-2　扣板式扣件走行轨系统模型摩擦接触的接触对设置

接触对	法向接触行为	切向摩擦系数
钢轨-扣板	接触面间可分离，只存在法向接触力	0.20
扣板-铁垫板		0.20
扣板-扣板挡铁		0.20

3.1.3　扣板式扣件走行轨系统有限元模型

扣板式扣件走行轨系统结构空间耦合精细化模型断面图如图 3-13 所示。20 m、40 m 门式起重机扣板式扣件走行轨系统空间耦合精细化模型如图 3-14 所示。

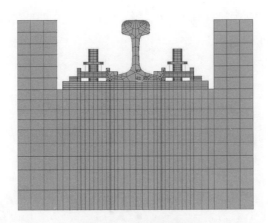

图 3-13　模型断面图

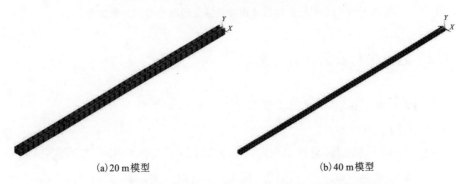

(a) 20 m 模型　　　　　　　　　　　　(b) 40 m 模型

图 3-14　门式起重机扣板式扣件走行轨系统空间耦合精细化模型

3.2 荷载的计算与施加

模型同时考虑扣板式扣件的扣压力和门式起重机的轮轨力，由于走行轨系统结构首先受扣件扣压力的影响，然后再受到门式起重机的轮轨力，故在 ANSYS 软件中使用设置荷载步的加载形式进行仿真模拟。其中，第一个荷载步施加扣件扣压力，第二个荷载步施加门式起重机轮轨力。

3.2.1 扣压力的施加

70 型扣板式扣件初始扣压力的大小为 7.8 kN[79]，本书通过在平垫圈上施加均布荷载来模拟门式起重机走行轨系统中扣板式扣件的扣压作用，施加荷载的方式如图 3-15 所示。

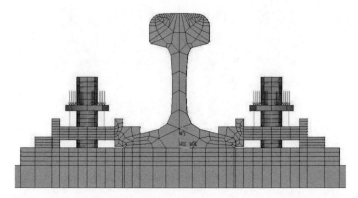

图 3-15   门式起重机扣板式扣件精细化模型中扣压力施加方式

3.2.2 起重机荷载的计算与施加

1. TJMQ 40.5 t-30 m 铁路集装箱专用门式起重机

（1）垂向受力计算

40.5 t-30 m 铁路集装箱专用门式起重机（以下简称专用门式起重机）总重 $G_d = 3626$ kN（$M_d = 370$ t），小车 $G_{xc} = 803.6$ kN（$M_{xc} = 82$ t），不计小车重量专用

门式起重机重量 $G_j = 3626 - 803.6 = 2822.4(\mathrm{kN})$，可视为均布于 24 个车轮上（本书重力加速度计算时取 9.8 m/s²）。用 P_{1j}，P_{2j}，P_{3j}，…，P_{24j} 分别表示 G_j 换算至专用门式起重机 24 个车轮上的轮压，如式(3-6)所示，可计算得：

$$P_{1j} = P_{2j} = P_{3j} = \cdots = P_{24j} = \frac{G_j}{24} = \frac{2822.4}{24} = 117.6(\mathrm{kN}) \tag{3-6}$$

该起重机最大起重荷载 $Q_x = 396.9$ kN（$M_x = 40.5$ t），考虑上小车的重量 G_{xc}，起重机上最大行走荷载为 $Q_x + G_{xc} = 1200.5$ kN。

如图 3-16 所示，当起重小车位于专用门式起重机左侧有效悬臂端时，左侧走行轨所承受的轮压可达到最大值，右侧走行轨所承受的轮压达到最小值。同理，而当起重小车位于专用门式起重机右侧有效悬臂端时，左侧走行轨所承受的轮压可达到最小值，右侧走行轨所承受的轮压达到最大值；当起重小车位于中间时，左侧走行轨和右侧走行轨轮压值相等。

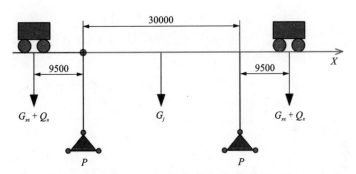

图 3-16　40.5 t-30 m 门式起重机荷载分布示意图(单位: mm)

由于门式起重机是对称的，并且两根走行轨之间相距较远，难以产生相互影响，故本书只研究其中一根走行轨。选用右侧走行轨为研究对象，以左侧走行轨正上方为坐标原点，走行方向为 X 轴，如图 3-16 所示。随着满载小车的运行，用 P_{1X}，P_{2X}，P_{3X}，…，P_{12X} 分别表示走行荷载对应门式起重机右侧走行轨上的等效轮压。根据结构力学的计算方法：

空载：

$$P_{1X} = P_{2X} = P_{3X} = \cdots = P_{12X} = \frac{(G_{xc}) \times X}{30 \times 12} = 2.232X(\mathrm{kN}) \tag{3-7}$$

满载：

$$P_{1X} = P_{2X} = P_{3X} = \cdots = P_{12X} = \frac{(G_{xc} + Q_x) \times X}{30 \times 12} = 3.335X(\text{kN}) \quad (3-8)$$

式中：$-9.5 \leqslant X \leqslant 39.5$。

同时，考虑门式起重机自重 G_j、起重小车重量 G_{xc} 和最大起重荷载 Q_x，门式起重机下走行轨轮压为：

空载：

$$P_i = P_{ij} + P_{iX} = 117.6 + 2.232X(\text{kN}) \quad (3-9)$$

由式(3-9)可得，当起重小车位于另一侧有效悬臂端时，X 取 -9.5 m，计算轮压为 96.396 kN；当起重小车位于中间时，X 取 15 m，计算轮压为 151.080 kN；当起重小车位于同一侧有效悬臂端时，X 取 39.5 m，计算轮压为 205.764 kN。计算分析时，需考虑动载系数 1.1[80]，轮压分别取 106.036 kN、166.188 kN 和 226.340 kN。

满载：

$$P_i = P_{ij} + P_{iX} = 117.6 + 3.335X(\text{kN}) \quad (3-10)$$

同理可得，当小车位于另一侧有效悬臂端时，最小计算轮压为 85.918 kN；当小车位于中间时，计算轮压为 167.625 kN；当小车位于同一侧有效悬臂端时，最大计算轮压为 249.333 kN。计算分析时，轮压分别取 94.510 kN、184.388 kN 和 274.266 kN。

(2)横向受力计算

根据《建筑结构荷载规范》(GB 50009—2012)，吊车横向水平荷载标准值，应取横向小车重量与额定起重量之和的百分数，并乘以重力加速度，吊车横向水平荷载标准值的百分数应按表 3-3 采用。吊车横向水平荷载应等分于桥架的两端，分别由轨道上的车轮平均传至轨道，其方向与轨道垂直。

表 3-3 吊车横向水平荷载标准值的百分数

吊车类型	额定起重量/t	百分数/%
软钩吊车	≤10	12
	16~50	10
	≥75	8
硬钩吊车	—	20

TJMQ 40.5 t-30 m 铁路集装箱专用门式起重机为软钩起重机(软钩吊车是吊钩或抓手通过钢丝绳与吊车连接), 如图 3-17 所示。

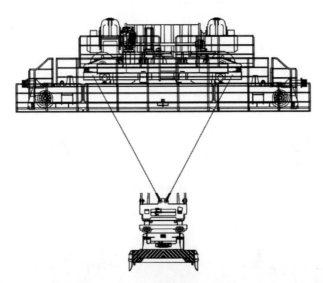

图 3-17   TJMQ 40.5 t-30 m 铁路集装箱专用门式起重机吊具示意图

由《建筑结构荷载规范》(GB 50009—2012)计算可知: TJMQ 40.5 t-30 m 铁路集装箱专用门式起重机空载时, 横向水平荷载为 96.432 kN, 横向水平轮压取 4.018 kN; 满载时, 横向水平荷载为 120.050 kN, 横向水平轮压取 5.002 kN。

由于 TJMQ 40.5 t-30 m 铁路集装箱专用门式起重机一侧车轮间距较长, 同时考虑边界效应, 故在加载时选择 40 m 模型进行加载, 以有限元软件中总体坐标系 Z 轴方向为钢轨纵向, TJMQ 40.5 t-30 m 铁路集装箱专用门式起重机荷载施加示意图如图 3-18 所示。

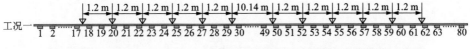

图 3-18   TJMQ 40.5 t-30 m 铁路集装箱专用门式起重机荷载施加示意图

2.50 t-30 mU 型门式起重机

(1)垂向受力计算

50 t-30 mU 型门式起重机(以下简称 U 型门式起重机)由 4 组四轮台车组

成，每组四轮台车有 2 组主动车轮和 2 组从动车轮，通过台车架和平衡梁等装置实现四个车轮的轮压均布化。

U 型门式起重机跨度 $S = 30$ m，轴距 $B = 10.31$ m，有效悬臂 $L_{y1} = L_{y2} = 9.5$ m。起重机(不计吊具重)总重量 $G_d = 2352$ kN($M_d = 240$ t)，小车自重 $G_{xc} = 247.94$ kN($M_{xc} = 25.3$ t)。不计小车、吊具重量，U 型门式起重机的重量 $G_j = 2352 - 247.94 = 2104.06$(kN)，可视为均布于 4 组四轮台车(16 个轮子)上，计算简图见图 3-19。

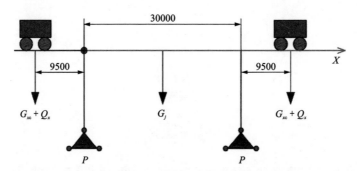

图 3-19　50 t-30 mU 型门式起重机荷载分布示意图(单位：mm)

用 P_{1j}，P_{2j}，P_{3j}，…，P_{16j} 分别表示 G_j 换算至专用门式起重机 16 个车轮上的轮压，如式(3-11)所示，可计算得：

$$P_{1j} = P_{2j} = P_{3j} = \cdots = P_{16j} = \frac{G_j}{16} = \frac{2104.06}{16} = 131.504(\text{kN}) \quad (3-11)$$

该起重机最大起重荷载 $Q_x = 490$ kN($M_x = 50$ t)，考虑小车的重量 G_{xc}，起重机上最大行走荷载为 $Q_x + G_{xc} = 737.94$ kN。

根据 TJMQ 40.5 t-30 m 铁路集装箱专用门式起重机垂向荷载计算，同理可得：

空载：

$$P_{1X} = P_{2X} = P_{3X} = \cdots = P_{12X} = \frac{(G_{xc}) \times X}{30 \times 8} = 1.033X(\text{kN}) \quad (3-12)$$

满载：

$$P_{1X} = P_{2X} = P_{3X} = \cdots = P_{12X} = \frac{(G_{xc} + Q_x) \times X}{30 \times 8} = 3.075X(\text{kN}) \quad (3-13)$$

式中：$-9.5 \leqslant X \leqslant 39.5$。

空载：

$$P_i = P_{ij} + P_{iX} = 131.504 + 1.033X(\mathrm{kN}) \tag{3-14}$$

由式(3-14)可得，当起重小车位于另一侧有效悬臂端时，计算轮压为 121.691 kN；当起重小车位于中间时，计算轮压为 146.999 kN；当起重小车位于同一侧有效悬臂端时，计算轮压为 172.308 kN。计算分析时，轮压分别取 133.860 kN、161.699 kN 和 189.539 kN。

满载：

$$P_i = P_{ij} + P_{iX} = 131.504 + 3.075X(\mathrm{kN}) \tag{3-15}$$

同理可得，当小车位于另一侧有效悬臂端时，最小计算轮压为 102.292 kN；当小车位于中间时，计算轮压为 177.629 kN；当小车位于同一侧有效悬臂端时，最大计算轮压为 252.967 kN。计算分析时，轮压分别取 112.521 kN、195.392 kN 和 278.264 kN。

(2)横向受力计算

50 t-30 mU 型门式起重机为软钩起重机(软钩吊车是吊钩或抓手通过钢丝绳与吊车连接)，如图 3-20 所示。

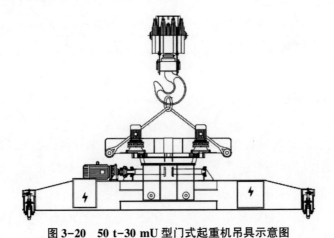

图 3-20　50 t-30 mU 型门式起重机吊具示意图

根据 TJMQ 40.5 t-30 m 铁路集装箱专用门式起重机横向水平荷载计算方式，同理可得：针对 50 t-30 mU 型门式起重机，空载时，横向水平荷载为 29.753 kN，横向水平轮压取 1.860 kN；满载时，横向水平荷载为 73.794 kN，横向水平轮压取 4.612 kN。

考虑 50 t-30 mU 型门式起重机一侧两轮组间总车轮间距、边界效应和计算效率，在加载时选择 20 m 模型进行加载，以坐标轴 Z 轴方向为钢轨纵向，50 t-30 mU 型门式起重机荷载施加示意图如图 3-21 所示。

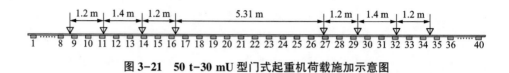

图 3-21　50 t-30 mU 型门式起重机荷载施加示意图

3.3　走行轨系统结构力学特性分析系统研发

门式起重机走行轨系统结构力学特性计算分析时，需要利用 ANSYS 软件进行有限元建模分析，但 ANSYS 的全英文操作界面不是很友好，APDL 语言和图形交互不是很流畅，使用起来也很不方便，并且 ANSYS 中单元参数的修改比较麻烦，建模流程也比较复杂。为使模型及工况的参数设置、查看和修改起来更为便利，计算效率进一步提高，需编制半自动化系统程序来实现各项功能。当前，程序语言 C++已发展成熟，可用集成开发框架 Qt Creator 对 ANSYS 进行二次开发，从而降低 ANSYS 的使用难度，提高计算分析效率。

3.3.1　编制原理

系统主要涉及 C++语言编程技术，ANSYS 软件批处理功能及二次开发调用接口、TXT 文件接口技术等[81]。ANSYS 提供 3 种二次开发技术：参数化语言 APDL、用户图形界面语言 UIDL、用户可编程特性 UPFS。APDL 语言是一种类似 Fortran 语言，并有批处理功能的参数化语言，包含 1000 多条 ANSYS 命令，包括参数、数组表达式、函数、流程控制（循环与分支）、重复执行命令、缩写和宏等，可以将 ANSYS 命令组织起来。ANSYS 没有提供能在 C++语言下开发设计的通用程序接口和 API 函数，而 APDL 语言是 ANSYS 自带的二次开发语言。因此，ANSYS 的 APDL 二次开发的核心问题就是解决 Qt Creator 开发出的程序与 ANSYS 的接口通信问题。通过内存共享以程序的进程调用在后台启动

ANSYS，共享内存与所开发的客户端程序通过内存来实现数据交换。

　　该系统通过 C++编程语言完成对 TXT 文件的读写代码相关操作，实现对 ANSYS 命令流的读写功能。同时，设计简洁的用户操作界面，实现几何模型参数和工况设计参数的输入与可视化。再利用 ANSYS 的批处理技术和 TXT 文件接口技术，实现计算几何参数、结构参数的输入与修改及计算结果 TXT 文件的自动输出，形成了集参数自由输入、空间精细化自动化建模、加载计算及数据精确提取和处理于一体的门式起重机走行轨系统结构力学特性计算分析系统。

3.3.2　系统功能及计算流程

　　门式起重机走行轨系统结构力学特性计算分析软件部分界面如图 3-22 所示，通过输入或修改相关参数，可实现如下功能：

　　①实现任意长度的门式起重机走行轨系统结构有限元模型的建立。

　　②可对门式起重机走行轨系统有限元模型施加任意荷载，再进行计算分析。

　　③能计算出各结构的第一主应力、Mises 应力，以此判断构件是否破坏。

　　④可以设置各构件的几何参数和结构参数，从而进行参数优化分析。

(a) 主界面

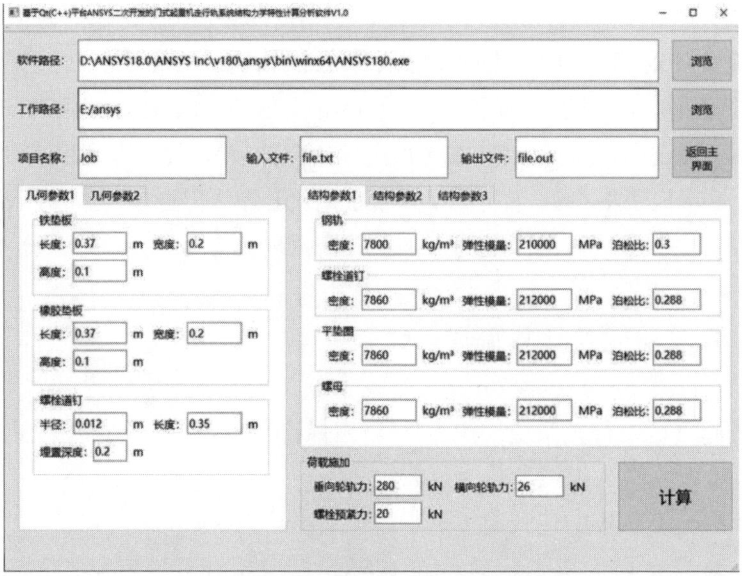

(b) 扣板式扣件走行轨系统结构参数设置界面

图 3-22　门式起重机走行轨系统结构力学特性计算分析软件部分界面

3.3.3　系统应用实例

　　分别以轨道长 20 m 和 40 m 门式起重机扣板式扣件走行轨系统结构为例，按照 3.3.2 节操作流程，输入模型几何参数和结构参数，所建立的空间精细化有限元模型分别如图 3-14(a) 和图 3-14(b) 所示，可以体现门式起重机走行轨系统结构力学特性计算分析软件 V1.0 的良好通用性和实用性。

3.4　模型验证

　　为验证本书所建立模型的准确性和可靠性，考虑到门式起重机运行速度缓慢，将门式起重机行进过程看成准静态过程。本小节利用 3.3 节开发的分析系统建立了与第 2 章现场实测工况相同的结构尺寸及力学参数的有限元模型，同时采用 3.2 节相关荷载计算式计算并加载，并提取钢轨轨底左、右两侧纵向应变之和及钢轨轨底与基础梁垂向相对位移仿真结果与实测结果对比分析。其中，仿真模型中铁垫板厚度为 35 mm，其余结构尺寸及力学参数与 3.1 节中建立的 40 m 模型所取参数一致。根据不同测试工况（起重小车位于左侧悬臂端、正中间、右侧悬臂端），采用 3.2.2 节空载条件计算的横向荷载和垂向荷载，分别对模型加载计算，见表 3-4。

表 3-4　门式起重机走行轨系统有限元模型荷载施加值

工况	垂向荷载/kN	横向荷载/kN
起重小车位于左侧悬臂端	106.036	4.018
起重小车位于正中间	166.188	4.018
起重小车位于右侧悬臂端	226.340	4.018

根据匀速运动中速度、时间和位移的关系，将第 2 章现场实测中横坐标的时间转换成位移。现场测试和本书模型计算的钢轨轨底左、右两侧纵向应变之和如图 3-23 所示，计算结果最大值见表 3-5；钢轨轨底与基础梁垂向相对位移如图 3-24 所示，计算结果最大值见表 3-6。

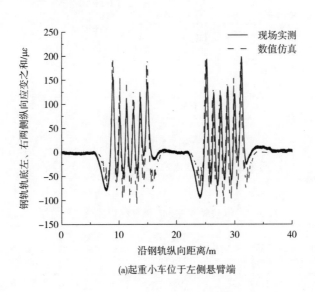

(a)起重小车位于左侧悬臂端

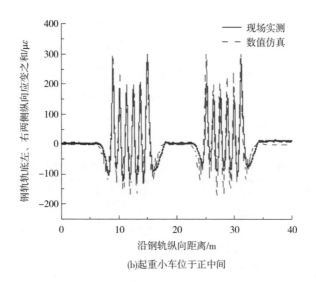

(b)起重小车位于正中间

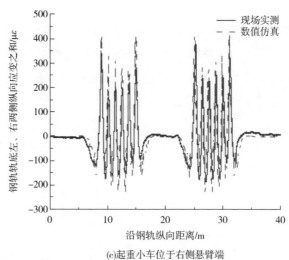

(c)起重小车位于右侧悬臂端

图 3-23　钢轨轨底左、右两侧纵向应变之和

表 3-5　钢轨轨底左、右两侧纵向应变之和峰值

工况	实测值/με	仿真值/με	相差/%
起重小车位于左侧悬臂端	198.372	193.784	2.313
起重小车位于正中间	300.155	304.094	1.312
起重小车位于右侧悬臂端	383.826	414.883	8.091

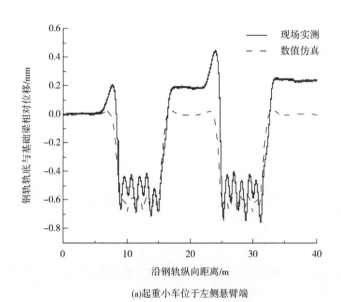

(a)起重小车位于左侧悬臂端

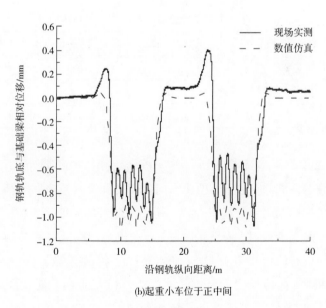

(b)起重小车位于正中间

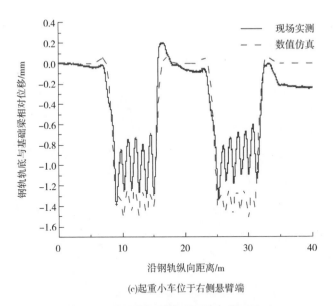

(c)起重小车位于右侧悬臂端

图 3-24　钢轨轨底与基础梁垂向相对位移

表 3-6　钢轨轨底与基础梁垂向相对位移峰值

工况	实测值/mm	仿真值/mm	相差/%
起重小车位于左侧悬臂端	0.758	0.687	9.367
起重小车位于正中间	1.075	1.103	2.605
起重小车位于右侧悬臂端	1.393	1.518	8.973

　　从图 3-23、图 3-24 和表 3-5、表 3-6 可以看出：在不同计算工况下，本书所建模型计算的钢轨轨底左、右两侧纵向应变之和及钢轨轨底与基础梁垂向相对位移与现场测试结果趋势基本一致，其计算结果最大值基本相同。其中，起重小车位于左侧悬臂端时，钢轨轨底左、右两侧纵向应变之和及钢轨轨底与基础梁垂向相对位移峰值相差 2.313% 和 9.367%；起重小车位于正中间时，钢轨轨底左、右两侧纵向应变之和及钢轨轨底与基础梁垂向相对位移峰值仅相差 1.312% 和 2.605%；起重小车位于右侧悬臂端时，钢轨轨底左、右两侧纵向应变之和及钢轨轨底与基础梁垂向相对位移峰值相差 8.091% 和 8.973%。

　　综上，本书所建门式起重机扣板式扣件走行轨系统有限元模型与实测结果较为吻合，说明本书的建模方法和思路是正确的，验证了本书所建模型的准确性和可靠性，其研究成果可为门式起重机走行轨系统设计理论及方法提供参考。

3.5　本章小结

本章结合门式起重机扣板式扣件走行轨系统结构特点，建立了门式起重机扣板式扣件走行轨系统精细化空间耦合模型，研发了门式起重机走行轨系统结构力学特性计算分析系统，并验证了系统的通用性和模型的准确性。主要结论如下：

①根据某铁路物流基地门式起重机扣板式扣件走行轨系统的结构组成和特点，建立了扣板式扣件走行轨系统精细化空间耦合模型。详细论述了钢轨、螺纹道钉、平垫圈、双层弹簧垫圈、扣板、铁垫板、扣板挡铁、橡胶垫板、硫黄水泥砂浆及承轨梁的单元类型和参数选择。

②采用 C++ 语言对 ANSYS 进行二次开发，研发了门式起重机走行轨系统结构力学特性计算分析系统，并详细介绍了该系统的主要功能。

③建立了与现场实测相同结构尺寸及力学参数的有限元模型，计算了在相同荷载工况下的钢轨轨底左、右两侧纵向应变之和及钢轨轨底与基础梁垂向相对位移，计算结果偏差均在 10% 以内，验证了本书模型的准确性和计算系统的可靠性。

第4章 门式起重机走行轨系统结构力学特性分析

4.1 材料破坏强度理论

关于材料破坏或失效的假设，称为强度理论[82]。材料破坏或失效的基本形式有两种：一种是在没有明显的塑性变形情况下突然发生断裂，称为脆性断裂。如铸铁试样在拉伸时沿横截面的断裂和铸铁圆试样在扭转时沿斜截面的断裂。另一种是材料产生显著的塑性变形而使构件丧失正常的工作能力，称为塑性屈服。如低碳钢试样在拉伸(压缩)或扭转时都会发生显著的塑性变形，有的还会出现屈服现象。

1. 最大拉应力理论

最大拉应力理论也称为第一强度理论。这一理论假设：最大拉应力 σ_t 是引起材料脆性断裂的因素，认为不论处于什么样的应力状态下，只要构件内一点处的最大拉应力 σ_t(即 σ_1)达到材料的极限应力 σ_u，材料就发生脆性断裂。至于材料的极限应力 σ_u，则可通过单轴拉伸试样发生脆性断裂的试验来确定。于是，按照这一强度理论，脆性断裂的判据为

$$\sigma_1 = \sigma_u \tag{4-1}$$

将式(4-1)右边的极限应力除以安全因数，可得到材料的许用拉应力 $[\sigma]$，因此，按第一强度理论所建立的强度条件为

$$\sigma_1 \leqslant [\sigma] \tag{4-2}$$

应该指出，上式中的 σ_1 为拉应力。在没有拉应力的三轴压缩应力状态下，显然不能采用第一强度理论来建立强度条件。式中的 $[\sigma]$ 为试样发生脆性断裂的许用拉应力，例如低碳钢或低合金高强度钢等，不可能通过拉伸试验测得材料发生脆性断裂的极限应力 σ_u。因此，不能单纯地将其理解为材料在单轴拉伸时的许用拉应力。

2. 形状改变能密度理论

形状改变能密度理论通常也称为第四强度理论。这一理论假设：形状改变能密度 v_d 是引起材料屈服的因素，认为不论处于什么样的应力状态下，只要构件内一点处的形状改变能密度 v_d 达到了材料的极限值 v_{du}，该点处的材料就发生塑性屈服。对于像低碳钢一类的塑性材料，因为在拉伸试验时当正应力达到 σ_s 时就出现明显的屈服现象，故可通过拉伸试验来确定材料的极限值 v_{du}。为此，可利用式(4-3)，

$$v_d = \frac{1+\nu}{6E}\left[(\sigma_1-\sigma_2)^2+(\sigma_2-\sigma_3)^2+(\sigma_3-\sigma_1)^2\right] \tag{4-3}$$

将 $\sigma_1=\sigma_s$，$\sigma_2=\sigma_3=0$ 代入上式，从而求得材料的极限值 v_{du} 为

$$v_{du} = \frac{1+\nu}{6E} \times 2\sigma_s^2 \tag{4-4}$$

所以，按照这一强度理论的观点，屈服判据 $v_d=v_{du}$ 可改写为

$$\frac{1+\nu}{6E}\left[(\sigma_1-\sigma_2)^2+(\sigma_2-\sigma_3)^2+(\sigma_3-\sigma_1)^2\right] = \frac{1+\nu}{6E} \times 2\sigma_s^2 \tag{4-5}$$

并简化为

$$\sqrt{\frac{1}{2}\left[(\sigma_1-\sigma_2)^2+(\sigma_2-\sigma_3)^2+(\sigma_3-\sigma_1)^2\right]} = \sigma_s \tag{4-6}$$

再将上式右边的 σ_s 除以安全因数得到材料的许用拉应力 $[\sigma]$，于是，按第四强度理论所建立的强度条件为

$$\sqrt{\frac{1}{2}\left[(\sigma_1-\sigma_2)^2+(\sigma_2-\sigma_3)^2+(\sigma_3-\sigma_1)^2\right]} \leqslant [\sigma] \tag{4-7}$$

式中：σ_1、σ_2 和 σ_3 为构件危险点处的三个主应力。

同理，式(4-7)右边采用材料在单轴拉伸时的许用拉应力，因此，其只对在单轴拉伸时发生屈服的材料适用。

从式(4-2)和式(4-7)的形式来看，按照两个强度理论所建立的强度条件可统一写作

$$\sigma_r \leqslant [\sigma] \tag{4-8}$$

式中：σ_r 为根据不同强度理论所得到的构件危险点处三个主应力的某些组合。从式(4-8)的形式来看，这种主应力的组合 σ_r 和单轴拉伸时的拉应力在安全程度上是相当的，因此，通常称 σ_r 为相当应力。

综上，当材料为脆性材料时，选用最大拉应力理论，以最大拉应力为材料破坏的评价指标；当材料为屈服材料时，选用形状改变能密度理论，以 Mises 应力为材料破坏的评价指标。其中，钢轨材料为锰钢（U71Mn），既坚硬又富有韧性，屈服强度为 490 MPa，抗拉强度为 880 MPa；扣板、铁垫板材料为黑心可锻铸铁（KTH350-10），属脆性材料，屈服强度为 200 MPa，抗拉强度为 350 MPa；承轨梁主要为 C30 混凝土，属脆性材料，抗拉强度为 2.01 MPa，抗压强度标准值为 20.1 MPa。

4.2 不同型式起重机走行轨系统结构力学特性

为研究门式起重机走行轨系统结构力学特性，依据现场实际情况，讨论不同型式门式起重机、不同起重小车位置、不同起重荷载作用下对门式起重机右侧走行轨系统结构力学特性的影响。

4.2.1 TJMQ 40.5 t 起重机走行轨力学特性

由于门式起重机工作时经常起吊不同重量的货物，并且起重小车经常往复横向移动，故对起重小车位于不同位置和不同起重量对走行轨系统结构的影响的研究是必要的。本小节针对 TJMQ 40.5 t-30 m 铁路集装箱专用门式起重机，选用 3.1 节所建立的 40 m 模型进行加载。根据 3.2 节荷载计算原理，对起重小车位于左侧悬臂端、正中间、右侧悬臂端等不同位置，以及空载、满载不同起重量可分为六个加载工况，其荷载作用位置如图 4-1 所示，不同工况荷载大小设置见表 4-1。

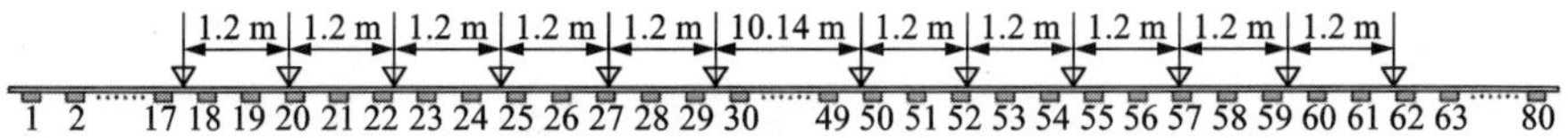

图 4-1　TJMQ 40.5 t-30 m 铁路集装箱专用门式起重机荷载施加作用位置示意图

表 4-1　TJMQ 40.5 t-30 m 铁路集装箱专用门式起重机不同工况荷载大小

模型加载工况	起重机型号	垂向力/kN	横向力/kN	起重小车位置	起重荷载状况
工况一		106.036	4.018	位于左侧悬臂端	空载
工况二	TJMQ 40.5 t-30 m 铁路集装箱专用门式起重机	166.188	4.018	位于正中间	空载
工况三		226.340	4.018	位于右侧悬臂端	空载
工况四		94.510	5.002	位于左侧悬臂端	满载
工况五		184.388	5.002	位于正中间	满载
工况六		274.266	5.002	位于右侧悬臂端	满载

　　TJMQ 40.5 t-30 m 铁路集装箱专用门式起重机不同工况下,钢轨轨头、钢轨轨腰、钢轨轨底、扣板、铁垫板、橡胶垫板、混凝土等门式起重机走行轨系统结构的第一主应力和 Mises 应力分布分别如图 4-2~图 4-15 所示,混凝土(承轨梁)第三主应力如图 4-16 所示,各结构拉应力和 Mises 应力最大值见表 4-2 和表 4-3。

表 4-2　TJMQ 40.5 t-30 m 起重机不同荷载大小工况下各结构拉应力最大值

单位:MPa

结构类型	工况一	工况二	工况三	工况四	工况五	工况六
钢轨轨头	22.351	35.515	48.676	19.630	39.293	58.958
钢轨轨腰	20.805	31.895	43.001	19.116	35.672	52.266
钢轨轨底	38.508	57.915	77.819	36.179	64.892	94.630
扣板	46.657	47.774	48.907	46.316	48.161	49.850
铁垫板	74.487	112.570	150.244	69.674	126.286	182.413
橡胶垫板	0.056	0.074	0.093	0.055	0.082	0.110
混凝土	0.254	0.345	0.437	0.237	0.374	0.511

表 4-3   TJMQ 40.5 t-30 m 起重机不同荷载大小工况下各结构 Mises 应力最大值

单位：MPa

结构类型	工况一	工况二	工况三	工况四	工况五	工况六
钢轨轨头	143.204	225.139	307.080	127.225	249.653	372.088
钢轨轨腰	39.683	62.319	85.014	35.821	69.162	103.073
钢轨轨底	37.689	56.203	74.858	35.409	63.051	90.920
扣板	54.598	55.007	70.794	54.480	60.064	84.732
铁垫板	78.214	118.014	157.390	73.140	132.305	190.971
橡胶垫板	0.535	0.758	0.981	0.504	0.831	1.164
混凝土	0.554	0.791	1.028	0.517	0.864	1.217

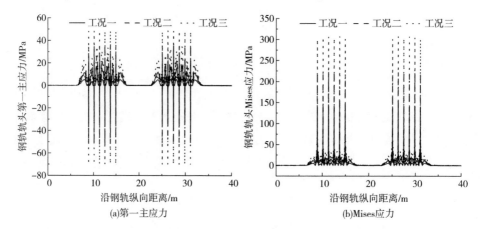

图 4-2   TJMQ 40.5 t-30 m 起重机不同荷载大小工况下钢轨轨头应力包络图(工况一~工况三)

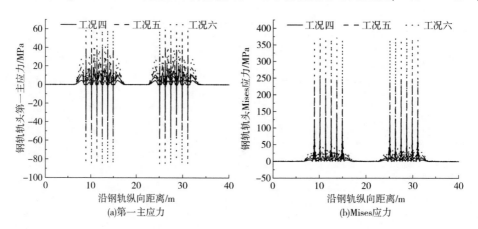

图 4-3   TJMQ 40.5 t-30 m 起重机不同荷载大小工况下钢轨轨头应力包络图(工况四~工况六)

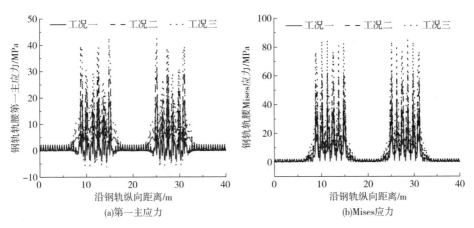

(a)第一主应力

(b)Mises应力

图 4-4　TJMQ 40.5 t-30 m 起重机不同荷载大小工况下钢轨轨腰应力包络图(工况一~工况三)

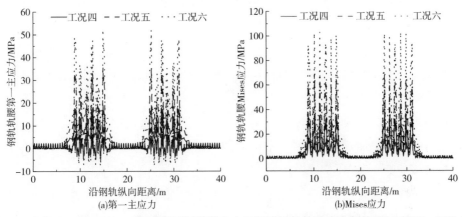

(a)第一主应力

(b)Mises应力

图 4-5　TJMQ 40.5 t-30 m 起重机不同荷载大小工况下钢轨轨腰应力包络图(工况四~工况六)

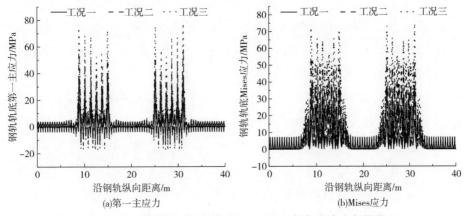

(a)第一主应力

(b)Mises应力

图 4-6　TJMQ 40.5 t-30 m 起重机不同荷载大小工况下钢轨轨底应力包络图(工况一~工况三)

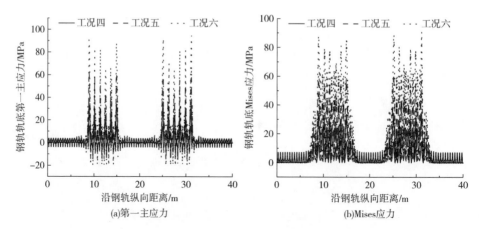

(a)第一主应力   (b)Mises应力

图 4-7　TJMQ 40.5 t-30 m 起重机不同荷载大小工况下钢轨轨底应力包络图(工况四~工况六)

　　由图 4-2~图 4-7 和表 4-2、表 4-3 可知,针对 TJMQ 40.5 t-30 m 铁路集装箱专用门式起重机,起重荷载为空载或满载、不同起重小车位置起重机荷载作用下钢轨应力变化趋势相近,但大小存在差异。由于 TJMQ 40.5 t-30 m 铁路集装箱专用门式起重机两轮组间相距较远,从图中也可以看出,两轮组之间对钢轨产生的叠加效应可忽略不计;但同一轮组中车轮间距较近,车轮之间对钢轨结构受力变形存在一定的叠加效应。

　　起重荷载为空载作用下,当起重小车从正中间行驶至左侧悬臂端,钢轨轨头、钢轨轨腰、钢轨轨底最大拉应力分别减少了 37.066%、34.770%、33.509%,最大 Mises 应力分别减少了 36.393%、36.322%、32.941%;当起重小车从正中间行驶至右侧悬臂端,钢轨轨头、钢轨轨腰、钢轨轨底最大拉应力分别增加了 37.057%、34.821%、34.368%,最大 Mises 应力分别增加了 36.396%、36.323%、33.192%。由此可知,当起重荷载为空载时,门式起重机起重小车位于悬臂端处的偏载量为起重小车位于正中间时的 1/3,与实测结论相吻合。起重荷载为满载作用下,当起重小车从正中间行驶至左侧悬臂端,钢轨轨头、钢轨轨腰、钢轨轨底最大拉应力分别减少了 50.111%、46.412%、44.247%,最大 Mises 应力分别减少了 49.039%、48.207%、43.841%;当起重小车从正中间行驶至右侧悬臂端,钢轨轨头、钢轨轨腰、钢轨轨底最大拉应力分别增加了 50.047%、46.518%、45.827%,最大 Mises 应力分别增加了 49.042%、49.031%、44.201%。

由此可知,当起重荷载为满载时,门式起重机起重小车位于悬臂端处的偏载量约为起重小车位于正中间时的 1/2。综上可知,不同起重小车作用位置、起重荷载对门式起重机走行轨系统结构中钢轨应力影响较大。

其中,钢轨轨底最大拉应力最大,钢轨轨头次之,钢轨轨腰最小;而钢轨轨头最大 Mises 应力最大,钢轨轨腰次之,钢轨轨底最小;说明在门式起重机荷载作用下走行轨系统中钢轨轨头较易屈服,钢轨轨底较易拉坏。针对 TJMQ 40.5 t-30 m 铁路集装箱专用门式起重机,钢轨最大拉应力为 94.630 MPa,最大 Mises 应力为 372.088 MPa,均未超过安全限值。

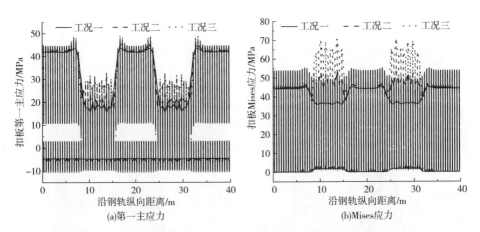

图 4-8　TJMQ 40.5 t-30 m 起重机不同荷载大小工况下扣板应力包络图(工况一~工况三)

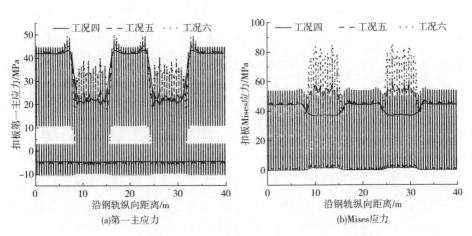

图 4-9　TJMQ 40.5 t-30 m 起重机不同荷载大小工况下扣板应力包络图(工况四~工况六)

由图 4-8、图 4-9 和表 4-2、表 4-3 可知,针对 TJMQ 40.5 t-30 m 铁路集装箱专用门式起重机,起重荷载为空载或满载、不同起重小车位置起重机荷载作用下扣板应力变化趋势相近,第一主应力和 Mises 应力峰值变化幅度较小。从图中可以看出,门式起重机两轮组之间对扣板产生的叠加效应可忽略不计。当门式起重机荷载作用在走行轨系统结构上时,对于车轮下部扣板,最大主应力均有减小趋势,这是由起重机荷载作用下铁垫板下沉,弹簧垫圈压缩量减小,扣件存在一定松动造成的;而在车轮旁边的扣板,最大主应力出现增大趋势,是由钢轨受扣板扣压力和起重机荷载共同作用时产生的钢轨上拱、弹簧垫圈压缩量增大导致的。而在最大 Mises 应力中,起重机车轮下部扣板部分工况存在增大趋势,可能是由钢轨受横向力存在一定偏载引起的。在 TJMQ 40.5 t-30 m 铁路集装箱专用门式起重机荷载作用下,扣板最大拉应力为 49.850 MPa,最大 Mises 应力为 84.732 MPa,均在安全限值内。

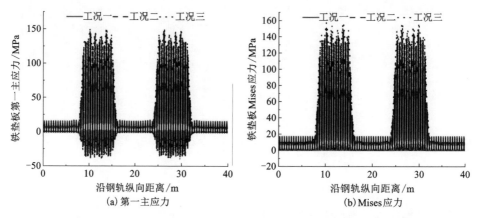

(a) 第一主应力   (b) Mises 应力

图 4-10　TJMQ 40.5 t-30 m 起重机不同荷载大小工况下铁垫板应力包络图(工况一~工况三)

由图 4-10、图 4-11 和表 4-2、表 4-3 可知,针对 TJMQ 40.5 t-30 m 铁路集装箱专用门式起重机,起重荷载为空载或满载、不同起重小车位置起重机荷载作用下铁垫板应力变化趋势相近。铁垫板第一主应力的拉应力幅值比压应力幅值大,起重荷载为空载作用下,当起重小车从正中间行驶至左侧悬臂端,铁垫板最大拉应力减少了 33.831%,最大 Mises 应力减少了 33.725%;当起重小车从正中间行驶至右侧悬臂端,铁垫板最大拉应力增加了 33.467%,最大 Mises 应力增加了 33.366%。起重荷载为满载作用下,当起重小车从正中间行驶至左

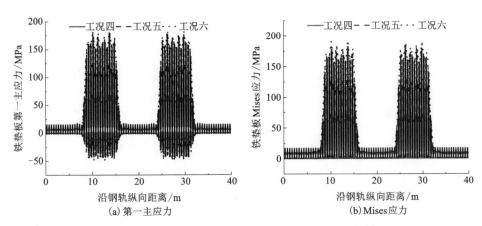

图 4-11　TJMQ 40.5 t-30 m 起重机不同荷载大小工况下铁垫板应力包络图(工况四~工况六)

侧悬臂端，铁垫板最大拉应力减少了 44.828%，最大 Mises 应力减少了 44.719%；当起重小车从正中间行驶至右侧悬臂端，铁垫板最大拉应力增加了 44.444%，最大 Mises 应力增加了 44.342%。由此可知，当起重荷载为空载或满载时，不同起重小车位置对铁垫板应力影响较大，其应力幅值的变化占比与钢轨应力幅值的变化比值相近。在 TJMQ 40.5 t-30 m 铁路集装箱专用门式起重机荷载作用下，铁垫板最大拉应力为 182.413 MPa，最大 Mises 应力为 190.971 MPa，均在安全限值内。

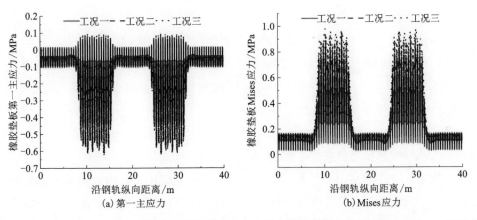

图 4-12　TJMQ 40.5 t-30 m 起重机不同荷载大小工况下橡胶垫板应力包络图(工况一~工况三)

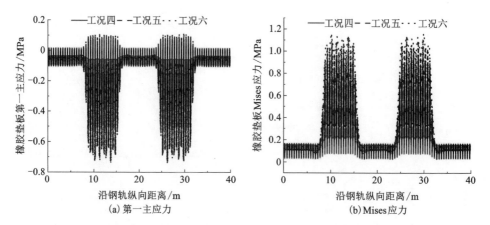

图 4-13　TJMQ 40.5 t-30 m 起重机不同荷载大小工况下橡胶垫板应力包络图(工况四~工况六)

由图 4-12、图 4-13 和表 4-2、表 4-3 可知,针对 TJMQ 40.5 t-30 m 铁路集装箱专用门式起重机,起重荷载为空载或满载、不同起重小车位置起重机荷载作用下走行轨系统中橡胶垫板应力变化趋势相近。橡胶垫板第一主应力的压应力幅值比拉应力幅值大,说明橡胶垫板主要受压。起重荷载为空载作用下,当起重小车从正中间行驶至左侧悬臂端,橡胶垫板最大拉应力减少了 24.324%,最大 Mises 应力减少了 29.420%;当起重小车从正中间行驶至右侧悬臂端,橡胶垫板最大拉应力增加了 25.676%,最大 Mises 应力增加了 29.420%。起重荷载为满载作用下,当起重小车从正中间行驶至左侧悬臂端,橡胶垫板最大拉应力减少了 32.927%,最大 Mises 应力减少了 39.350%;当起重小车从正中间行驶至右侧悬臂端,橡胶垫板最大拉应力增加了 34.146%,最大 Mises 应力增加了 40.072%。由此可知,当起重荷载为空载或满载时,不同起重小车位置对橡胶垫板应力影响较大,不同起重荷载对橡胶垫板应力也存在一定影响。在 TJMQ 40.5 t-30 m 铁路集装箱专用门式起重机荷载作用下,橡胶垫板最大拉应力为 0.110 MPa,最大 Mises 应力为 1.164 MPa,而橡胶垫板拉伸强度大于 12.5 MPa,故橡胶垫板在安全限值内。

由图 4-14~图 4-16 和表 4-2、表 4-3 可知,TJMQ 40.5 t-30 m 铁路集装箱专用门式起重机,起重荷载为空载或满载、不同起重小车位置起重机荷载作用下走行轨系统中混凝土应力变化趋势相近。混凝土第一主应力的压应力幅值比拉应力幅值大,说明混凝土(承轨梁)主要受压。起重荷载为空载作用下,当

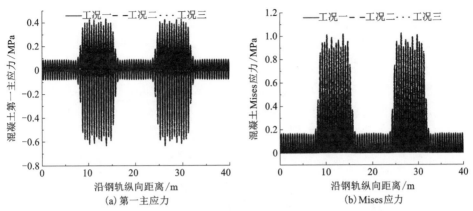

图 4-14　TJMQ 40.5 t-30 m 起重机不同荷载大小工况下混凝土第一主应力、

Mises 应力包络图(工况一~工况三)

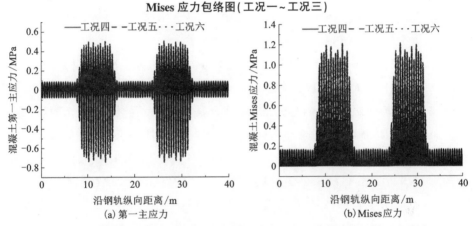

图 4-15　TJMQ 40.5 t-30 m 起重机不同荷载大小工况下混凝土第一主应力、

Mises 应力包络图(工况四~工况六)

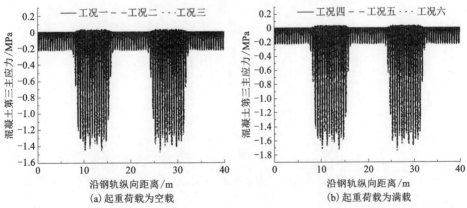

图 4-16　TJMQ 40.5 t-30 m 起重机不同荷载大小工况下混凝土第三主应力包络图

起重小车从正中间行驶至左侧悬臂端，混凝土最大拉应力减少了 26.377%，最大压应力减少了 29.035%，最大 Mises 应力减少了 29.962%；当起重小车从正中间行驶至右侧悬臂端，混凝土最大拉应力增加了 26.667%，最大压应力增加了 28.947%，最大 Mises 应力增加了 29.962%。起重荷载为满载作用下，当起重小车从正中间行驶至左侧悬臂端，混凝土最大拉应力减少了 36.631%，最大压应力减少了 39.552%，最大 Mises 应力减少了 40.162%；当起重小车从正中间行驶至右侧悬臂端，混凝土最大拉应力增加了 36.631%，最大压应力增加了 39.472%，最大 Mises 应力增加了 40.856%。由此可知，当起重荷载为空载或满载时，不同起重小车位置对混凝土应力影响较大；同时不同起重荷载对混凝土应力也存在一定影响。在 TJMQ 40.5 t-30 m 铁路集装箱专用门式起重机荷载作用下，混凝土最大拉应力为 0.511 MPa，最大压应力为 1.742 MPa，最大 Mises 应力为 1.217 MPa，故混凝土在安全限值内。

将表 4-2、表 4-3 最大拉应力、最大 Mises 应力依据工况及结构类型的变化绘制成柱状图，如图 4-17 所示。由图可知，在金属构件中，铁垫板最大拉应力最大，钢轨轨头最大 Mises 应力最大；非金属构件中，混凝土的最大拉应力和最大 Mises 应力均最大。考虑不同材料类型及结构破坏限值，钢轨轨头、钢轨轨底、钢轨轨腰屈服的安全系数分别为 1.317、4.754、5.389，抗拉的安全系数分别为 14.926、16.837、9.299；扣板、铁垫板屈服的安全系数分别为 4.012、1.096，抗拉的安全系数分别为 7.021、1.919；混凝土抗拉的安全系数为

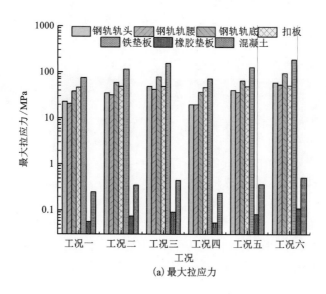

(a) 最大拉应力

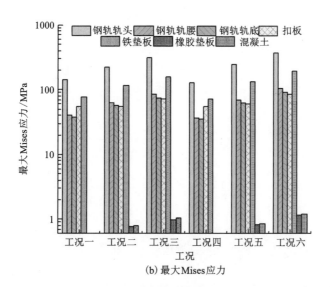

图 4-17　TJMQ 40.5 t-30 m 起重机不同荷载大小工况下各结构应力峰值图

3.933，抗压的安全系数为 11.538。从材料破坏的安全系数可以得出，铁垫板相对于其他构件较易屈服，且较易拉坏，设计时应重点考虑。

4.2.2　50 t 起重机走行轨力学特性

本小节针对 50 t-30 mU 型门式起重机，选用 3.1 节中建立的 20 m 门式起重机走行轨系统结构有限元模型，利用 3.2 节中荷载的计算原理，设计六种不同工况来研究 50 t-30 mU 型门式起重机不同起重荷载、起重小车位置对走行轨系统结构力学特性的影响。其荷载施加位置如图 4-18 所示，不同工况下荷载大小见表 4-4。

图 4-18　50 t-30 mU 型门式起重机荷载施加位置示意图

表 4-4　不同工况下 50 t-30 mU 型门式起重机荷载大小

模型加载工况	起重机型号	垂向力/kN	横向力/kN	起重小车位置	起重荷载状况
工况一		133.860	1.860	位于左侧悬臂端	空载
工况二		161.699	1.860	位于中间	空载
工况三	50 t-30 mU 型门式起重机	189.539	1.860	位于右侧悬臂端	空载
工况四		112.521	4.612	位于左侧悬臂端	满载
工况五		195.392	4.612	位于中间	满载
工况六		278.264	4.612	位于右侧悬臂端	满载

50 t-30 mU 型门式起重机不同工况荷载作用下，钢轨轨头、钢轨轨腰、钢轨轨底、扣板、铁垫板、橡胶垫板、混凝土（承轨梁）等门式起重机走行轨系统结构的第一主应力和 Mises 应力分布分别如图 4-19~图 4-32 所示，混凝土（承轨梁）第三主应力如图 4-33 所示，各结构拉应力和 Mises 应力最大值见表 4-5 和表 4-6。

表 4-5　50 t 起重机不同荷载大小工况下各结构拉应力最大值　　单位：MPa

结构类型	工况一	工况二	工况三	工况四	工况五	工况六
钢轨轨头	45.681	55.274	64.868	37.743	41.763	59.878
钢轨轨腰	25.153	30.318	35.485	22.294	37.550	52.921
钢轨轨底	55.435	66.710	77.992	50.025	83.266	116.706
扣板	47.316	47.890	48.468	46.972	48.666	50.387
铁垫板	83.485	100.383	117.249	76.931	127.068	176.722
橡胶垫板	0.057	0.065	0.074	0.057	0.082	0.106
混凝土	0.283	0.323	0.363	0.254	0.373	0.493

表 4-6　50 t 起重机不同荷载大小工况下各结构 Mises 应力最大值　　单位：MPa

结构类型	工况一	工况二	工况三	工况四	工况五	工况六
钢轨轨头	168.677	203.790	238.906	141.435	264.078	376.679
钢轨轨腰	50.143	60.631	71.121	42.191	73.010	104.150

续表4-6

结构类型	工况一	工况二	工况三	工况四	工况五	工况六
钢轨轨底	51.564	61.952	72.346	47.264	78.134	109.046
扣板	54.831	55.044	55.342	54.711	59.883	81.763
铁垫板	87.547	105.178	122.775	80.571	132.876	184.682
橡胶垫板	0.598	0.696	0.794	0.541	0.829	1.119
混凝土	0.635	0.740	0.845	0.558	0.869	1.179

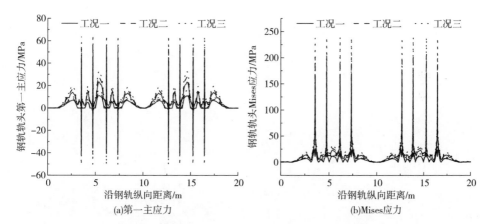

图4-19　50 t 起重机不同荷载大小工况下钢轨轨头应力包络图(工况一~工况三)

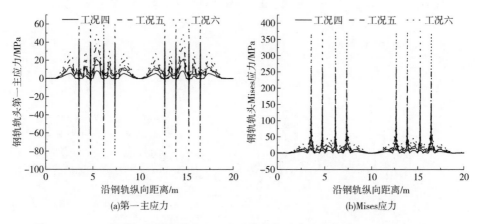

图4-20　50 t 起重机不同荷载大小工况下钢轨轨头应力包络图(工况四~工况六)

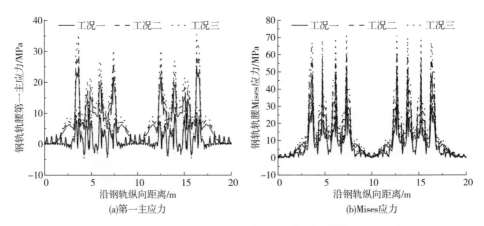

图 4-21　50 t 起重机不同荷载大小工况下钢轨轨腰应力包络图(工况一~工况三)

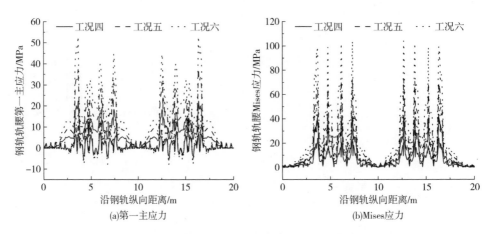

图 4-22　50 t 起重机不同荷载大小工况下钢轨轨腰应力包络图(工况四~工况六)

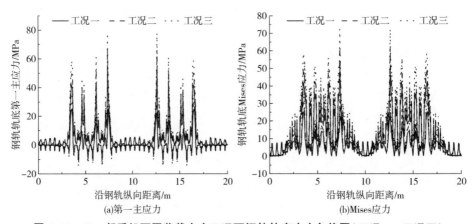

图 4-23　50 t 起重机不同荷载大小工况下钢轨轨底应力包络图(工况一~工况三)

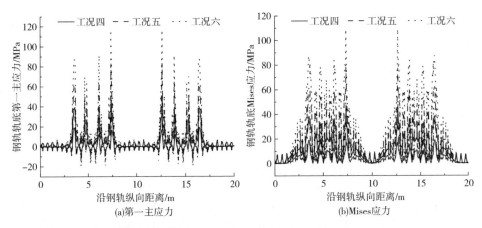

(a)第一主应力　　　　　　　　　　(b)Mises应力

图 4-24　50 t 起重机不同荷载大小工况下钢轨轨底应力包络图(工况四~工况六)

由图 4-19~图 4-24 和表 4-5、表 4-6 可知,针对 50 t-30 mU 型门式起重机,起重荷载为空载或满载、不同起重小车位置起重机荷载作用下钢轨应力变化趋势相似,但大小存在差异。从图中可以看出,由于 50 t-30 mU 型门式起重机两轮组间相距较近,两轮组间应力作用范围存在叠加效应,根据现场实际情况,在后续计算中应考虑两组轮组共同作用下的结构力学特性。

起重荷载为空载作用下,当起重小车从正中间行驶至左侧悬臂端,钢轨最大拉应力和最大 Mises 应力均减少了约 17%;当起重小车从正中间行驶至右侧悬臂端,钢轨最大拉应力和最大 Mises 应力均增加了约 17%。由此可知,50 t-30 mU 型门式起重机起重荷载为空载时,门式起重机起重小车位于悬臂端处的偏载量约为起重小车位于正中间时的 17%。起重荷载为满载作用下,当起重小车从正中间行驶至左侧悬臂端,钢轨最大拉应力和最大 Mises 应力均减少了约40%;当起重小车从正中间行驶至右侧悬臂端,钢轨最大拉应力和最大 Mises 应力均增加了约 40%;由此可知,当起重荷载为满载时,门式起重机起重小车位于悬臂端处的偏载量约为起重小车位于正中间时的 40%。综上可知,不同起重小车作用位置、起重荷载对门式起重机走行轨系统结构中钢轨应力影响较大。

50 t-30 mU 型门式起重机与 TJMQ 40.5 t-30 m 铁路集装箱专用门式起重机荷载作用下规律一致,钢轨轨底最大拉应力最大,钢轨轨头次之,钢轨轨腰最小；而钢轨轨头最大 Mises 应力最大，钢轨轨腰次之，钢轨轨底最小；说明走行轨系统中钢轨轨头较易屈服，钢轨轨底较易拉坏。针对 50 t-30 mU 型门式起重机，钢轨最大拉应力为 116.706 MPa，最大 Mises 应力为 376.679 MPa，均未超过安全限值。

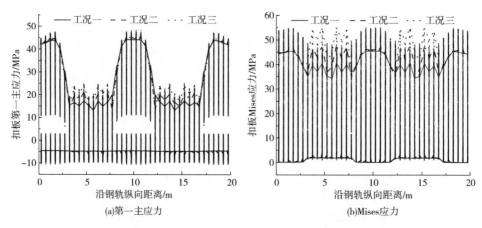

图 4-25　50 t 起重机不同荷载大小工况下扣板应力包络图(工况一 ~ 工况三)

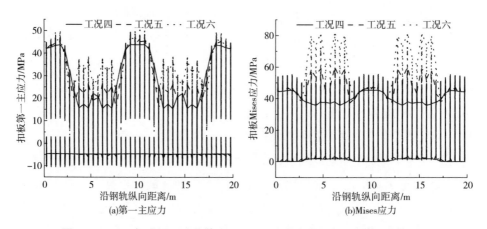

图 4-26　50 t 起重机不同荷载大小工况下扣板包络图(工况四 ~ 工况六)

　　由图 4-25、图 4-26 和表 4-5、表 4-6 可知，针对 50 t-30 mU 型门式起重机，起重荷载为空载或满载、不同起重小车位置起重机荷载作用下扣板应力变化趋势相近。当不同工况下门式起重机荷载作用在走行轨系统结构上时，第一主应力和 Mises 应力峰值变化很小，对于车轮下部扣板，最大主应力呈减小趋势，而在车轮旁边的扣板，最大主应力呈增大趋势；而在最大 Mises 应力中，起重机车轮下部扣板部分工况呈增大趋势，与 TJMQ 40.5 t-30 m 铁路集装箱专用门式起重机荷载作用下规律一致。在 50 t-30 mU 型门式起重机荷载作用下，扣板最大拉应力为 50.387 MPa，最大 Mises 应力为 81.763 MPa，均在安全限值内。

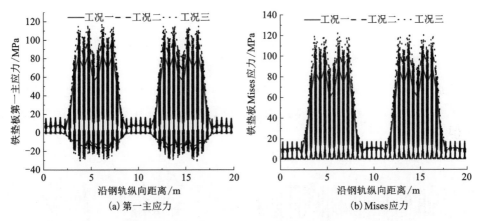

(a) 第一主应力　　　　　　　　　　(b) Mises 应力

图 4-27　50 t 起重机不同荷载大小工况下铁垫板应力包络图(工况一~工况三)

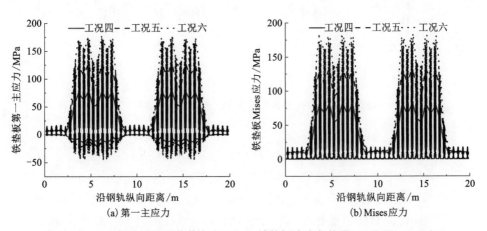

(a) 第一主应力　　　　　　　　　　(b) Mises 应力

图 4-28　50 t 起重机不同荷载大小工况下铁垫板应力包络图(工况四~工况六)

由图 4-27、图 4-28 和表 4-5、表 4-6 可知，针对 50 t-30 mU 型门式起重机，起重荷载为空载或满载、不同起重小车位置起重机荷载作用下铁垫板应力变化趋势相近。铁垫板第一主应力的拉应力幅值比压应力幅值大，起重荷载为空载作用下，当起重小车从正中间行驶至左侧悬臂端，铁垫板最大拉应力减少了 16.834%，最大 Mises 应力减少了 16.763%；当起重小车从正中间行驶至右侧悬臂端，铁垫板最大拉应力增加了 16.802%，最大 Mises 应力增加了 16.731%。起重荷载为满载作用下，当起重小车从正中间行驶至左侧悬臂端，铁垫板最大拉应力减少了 39.457%，最大 Mises 应力减少了 39.364%；当起重小车从正中间行驶至右侧悬臂端，铁垫板最大拉应力增加了 39.077%，最大 Mises 应力增加了 38.988%。由此可知，在起重荷载为空载或满载时，不同起重小车位置对铁垫板应力影响较大，其应力幅值的变化占比与钢轨应力幅值的变化比值相近。在 50 t-30 mU 型门式起重机荷载作用下，铁垫板最大拉应力为 176.722 MPa，最大 Mises 应力为 184.682 MPa，均在安全限值内。

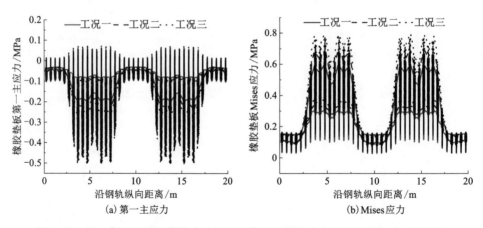

图 4-29　50 t 起重机不同荷载大小工况下橡胶垫板应力包络图(工况一~工况三)

由图 4-29、图 4-30 和表 4-5、表 4-6 可知，针对 50 t-30 mU 型门式起重机，起重荷载为空载或满载、不同起重小车位置起重机荷载作用下走行轨系统中橡胶垫板应力变化趋势相近。橡胶垫板第一主应力的压应力幅值比拉应力幅值大，说明橡胶垫板主要受压，与 TJMQ 40.5 t-30 m 铁路集装箱专用门式起重机规律一致。起重荷载为空载作用下，当起重小车从正中间行驶至左侧悬臂端，橡胶垫板最大拉应力减少了 12.308%，最大 Mises 应力减少了 14.080%；当起重小车从正中间行驶至右侧悬臂端，橡胶垫板最大拉应力增加了 13.846%，最大 Mises 应力增加了 14.080%。起重荷载为满载作用下，当起重小车从正中

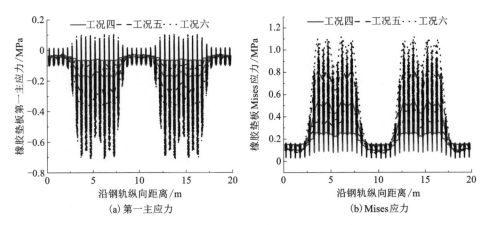

图 4-30　50 t 起重机不同荷载大小工况下橡胶垫板应力包络图（工况四~工况六）

间行驶至左侧悬臂端，橡胶垫板最大拉应力减少了 30.488%，最大 Mises 应力减少了 34.741%；当起重小车从正中间行驶至右侧悬臂端，橡胶垫板最大拉应力增加了 29.268%，最大 Mises 应力增加了 34.982%。由此可知，在起重荷载为空载或满载时，不同起重小车位置对橡胶垫板应力影响较大；同时不同起重荷载对橡胶垫板应力也存在一定影响。在 50 t-30 mU 型门式起重机荷载作用下，橡胶垫板最大拉应力为 0.106 MPa，最大 Mises 应力为 1.119 MPa，故橡胶垫板在安全限值内。

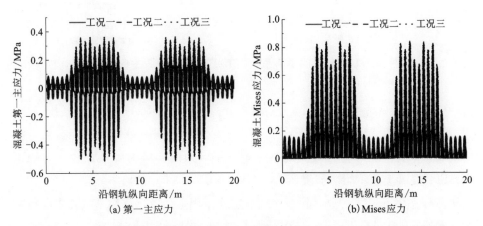

图 4-31　50 t 起重机不同荷载大小工况下混凝土第一主应力、Mises 应力包络图
（工况一~工况三）

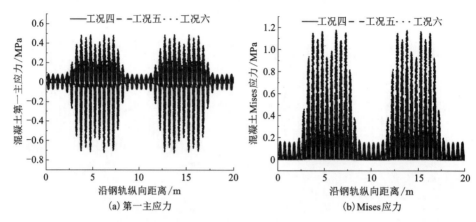

（a）第一主应力 （b）Mises 应力

图 4-32 50 t 起重机不同荷载大小工况下混凝土第一主应力、Mises 应力包络图
（工况四~工况六）

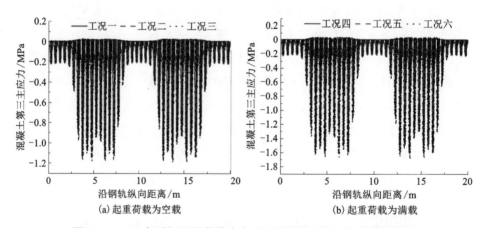

（a）起重荷载为空载 （b）起重荷载为满载

图 4-33 50 t 起重机不同荷载大小工况下混凝土第三主应力包络图

由图 4-31~图 4-33 和表 4-5、表 4-6 可知，针对 50 t-30 mU 型门式起重机，起重荷载为空载或满载、不同起重小车位置起重机荷载作用下走行轨系统中混凝土应力变化趋势相近。混凝土第一主应力的压应力幅值比拉应力幅值大，说明混凝土承轨梁主要受压，与 TJMQ 40.5 t-30 m 铁路集装箱专用门式起重机荷载作用下规律一致。起重荷载为空载作用下，当起重小车从正中间行驶至左侧悬臂端，混凝土最大拉应力减少了 12.384%，最大压应力减少了 13.905%，最大 Mises 应力减少了 14.189%；当起重小车从正中间行驶至右侧悬臂端，混凝土最大拉应力增加了 12.384%，最大压应力增加了 13.905%，最大 Mises 应力增加了 14.189%。起重荷载为满载作用下，当起重小车从正中间行驶至左侧悬臂端，混凝土最大拉应力减少了 31.903%，最大压应力减少了 34.720%，最大 Mises 应力减少了 35.788%；当起重小车从正中间行驶至右侧悬臂端，混凝土最大拉应力增加了 32.172%，最大压应力增加了 34.640%，最大 Mises 应力增加了 35.673%。由此可知，针对 50 t-30 mU 型门式起重机，在起重荷载为空载或满载时，不同起重小车位置、起重荷载对混凝土应力影响较大。在 50 t-30 mU 型门式起重机荷载作用下，混凝土最大拉应力为 0.493 MPa，最大压应力为 1.683 MPa，最大 Mises 应力为 1.179 MPa，故混凝土在安全限值内。

　　将表 4-5、表 4-6 最大拉应力、最大 Mises 应力依据工况及结构类型的变化绘制成柱状图，如图 4-34 所示。由图可知，在金属构件中，铁垫板最大拉应力最大，钢轨轨头最大 Mises 应力最大；非金属构件中，混凝土最大拉应力和最大 Mises 应力均最大，与 TJMQ 40.5 t-30 m 铁路集装箱专用门式起重机荷载作用下规律一致。考虑不同材料类型及结构破坏限值，钢轨轨头、钢轨轨底、钢轨轨腰屈服的安全系数分别为 1.301、4.705、4.494，抗拉的安全系数分别为 14.697、16.629、7.540；扣板、铁垫板屈服的安全系数分别为 2.446、1.083，扣板、铁垫板抗拉的安全系数分别为 6.946、1.981；混凝土抗拉的安全系数为 4.077，抗压的安全系数为 11.943。从材料破坏的安全系数可以得出，铁垫板相对于其他构件较易屈服，且较易拉坏，设计时应重点考虑。

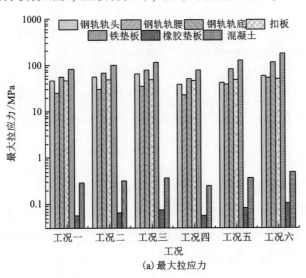

(a) 最大拉应力

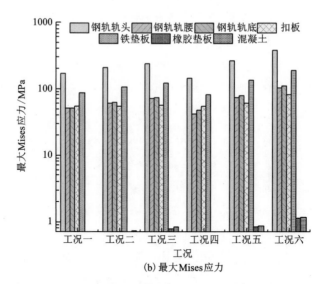

（b）最大Mises应力

图 4-34　50 t 起重机不同荷载大小工况下各结构应力峰值图

通过对比不同型式门式起重机荷载作用下各结构安全系数，数据表明：50 t-30 mU 型门式起重机荷载作用下钢轨轨头、铁垫板均较易屈服，且铁垫板较易拉坏，与 TJMQ 40.5 t-30 m 铁路集装箱专用门式起重机荷载作用下走行轨系统结构力学特性规律一致，故在走行轨系统结构设计与养护维修时应重点考虑铁垫板。

4.3　不同荷载位置下走行轨系统结构力学特性

门式起重机荷载作用在不同位置对走行轨系统结构受力变形的影响不同，为研究最不利工况，故将门式起重机荷载移动到不同位置上对走行轨系统结构受力特性进行研究是十分必要的。

4.3.1　不同荷载位置下 TJMQ 40.5 t 起重机走行轨力学特性

由于 TJMQ 40.5 t-30 m 铁路集装箱专用门式起重机两轮组间距离相隔较远，且从 4.2.1 节结构力学特性规律中看出两轮组间相互影响较小，可忽略不计，故在后续加载中考虑计算效率将 40 m 模型改成 20 m 模型并采用一组车轮加载计算。本节主要对车轮作用在扣件支承和跨中处两个特殊位置进行研究，考虑车轮间的相互作用，设置了表 4-7 的加载工况，荷载大小选用 4.2.1 节中的工况六（最不利工况）的荷载，其荷载施加示意图如图 4-35 所示。

表 4-7　不同荷载作用位置工况

模型加载工况	起重机型号	垂向力/kN	横向力/kN	大车车轮位置
工况一		274.266	5.002	第一轮位于扣件支承位置
工况二		274.266	5.002	第一轮位于扣件跨中位置
工况三	TJMQ 40.5 t-30 m 铁路集装箱专用门式起重机	274.266	5.002	第二轮位于扣件支承位置
工况四		274.266	5.002	第二轮位于扣件跨中位置
工况五		274.266	5.002	第三轮位于扣件支承位置
工况六		274.266	5.002	第三轮位于扣件跨中位置

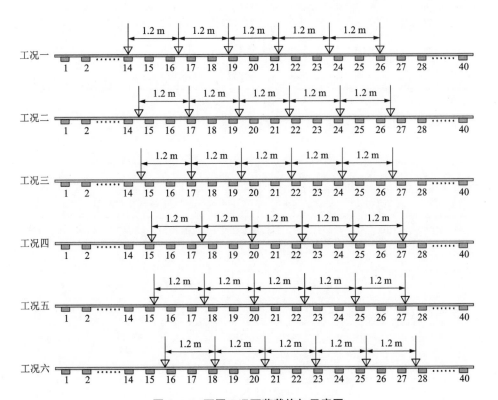

图 4-35　不同工况下荷载施加示意图

TJMQ 40.5 t-30 m 铁路集装箱专用门式起重机不同荷载作用位置下，钢轨轨头、钢轨轨腰、钢轨轨底、扣板、铁垫板、橡胶垫板、混凝土（承轨梁）等门式起重机走行轨系统结构的第一主应力和 Mises 应力分布分别如图 4-36～图 4-42 所示，混凝土承轨梁第三主应力如图 4-42(c) 所示，各结构拉应力和Mises 应力最大值见表 4-8 和表 4-9。

表 4-8　TJMQ 40.5 t 起重机不同荷载作用位置工况下各结构拉应力最大值

单位：MPa

结构类型	工况一	工况二	工况三	工况四	工况五	工况六
钢轨轨头	58.921	58.929	58.958	58.923	58.967	58.923
钢轨轨腰	46.507	51.919	52.388	48.345	47.810	48.135
钢轨轨底	93.092	85.280	87.141	109.584	113.582	105.307
扣板	49.959	49.504	49.773	49.996	49.991	49.933
铁垫板	179.618	182.040	182.553	182.571	183.068	182.055
橡胶垫板	0.110	0.110	0.110	0.111	0.111	0.111
混凝土	0.496	0.509	0.511	0.501	0.506	0.508

表 4-9　TJMQ 40.5 t 起重机不同荷载作用位置工况下各结构 Mises 应力最大值

单位：MPa

结构类型	工况一	工况二	工况三	工况四	工况五	工况六
钢轨轨头	370.925	372.146	371.844	372.316	372.141	372.322
钢轨轨腰	102.774	102.515	103.037	101.451	102.404	102.994
钢轨轨底	87.450	85.537	85.736	102.618	106.235	99.161
扣板	83.037	84.763	84.568	84.062	84.734	84.899
铁垫板	188.969	189.910	191.114	191.372	191.467	189.843
橡胶垫板	1.160	1.155	1.164	1.167	1.163	1.162
混凝土	1.189	1.213	1.214	1.203	1.213	1.216

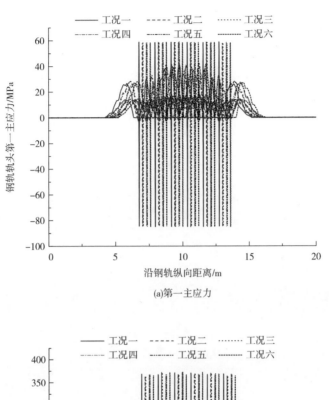

(a)第一主应力

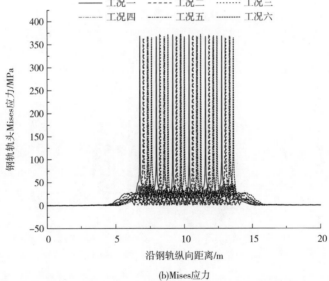

(b)Mises应力

图 4-36　TJMQ 40.5 t 起重机不同荷载作用位置工况下钢轨轨头应力包络图

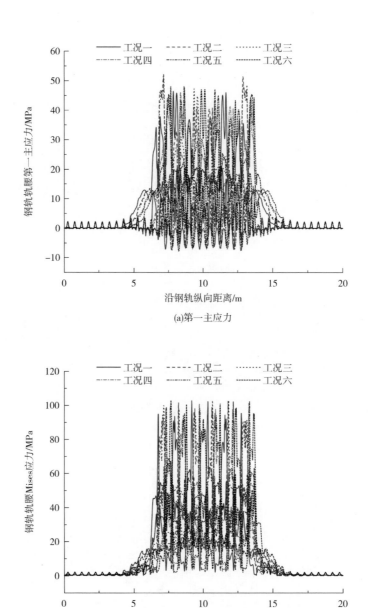

(a)第一主应力

(b)Mises应力

图 4-37 TJMQ 40.5 t 起重机不同荷载作用位置工况下钢轨轨腰应力包络图

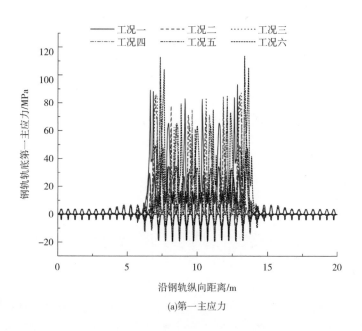

(a)第一主应力

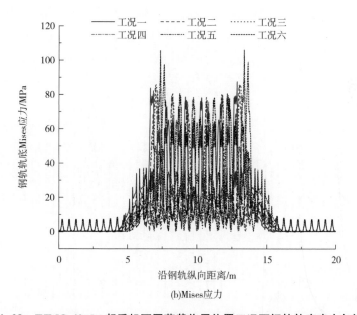

(b)Mises应力

图 4-38　TJMQ 40.5 t 起重机不同荷载作用位置工况下钢轨轨底应力包络图

由图 4-36~图 4-38 和表 4-8、表 4-9 可知，针对 TJMQ 40.5 t-30 m 铁路集装箱专用门式起重机，不同荷载作用位置下钢轨应力变化趋势相近，幅值变化较小。其中，不同工况下，钢轨轨头、钢轨轨腰、钢轨轨底拉应力峰值最大相差值分别为 0.046 MPa、5.881 MPa、28.302 MPa，占比约为 0.078%、11.226%、24.918%；钢轨轨头、钢轨轨腰、钢轨轨底 Mises 应力峰值最大相差值分别为 1.397 MPa、1.586 MPa、20.698 MPa，占比约为 0.375%、1.539%、19.483%；由此可知，不同荷载作用位置对钢轨轨底影响最大，钢轨轨腰次之，钢轨轨头最小。针对 TJMQ 40.5 t-30 m 铁路集装箱专用门式起重机，在不同荷载作用位置工况下，钢轨最大 Mises 应力为 372.322 MPa，最大拉应力为 113.582 MPa，均未超过安全限值。

由图 4-39 和表 4-8、表 4-9 可知，针对 TJMQ 40.5 t-30 m 铁路集装箱专用门式起重机，不同荷载作用位置下扣板应力变化趋势相近，幅值变化较小。其中，不同工况下，扣板拉应力峰值最大相差 0.492 MPa，仅占比 0.984%；扣板 Mises 应力峰值最大相差 1.862 MPa，仅占比 2.193%；由此可知，不同荷载作用位置对扣板应力影响甚微。针对 TJMQ 40.5 t-30 m 铁路集装箱专用门式起重机，在不同荷载作用位置工况下，扣板最大 Mises 应力为 84.899 MPa，最大拉应力为 49.996 MPa，均未超过安全限值。

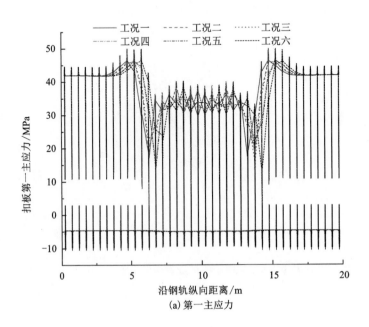

(a) 第一主应力

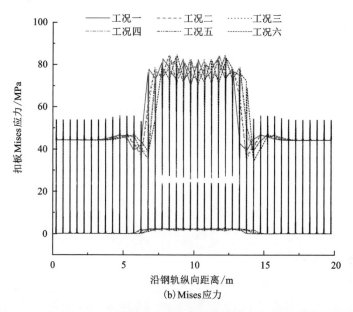

图 4-39　TJMQ 40.5 t 起重机不同荷载作用位置工况下扣板应力包络图

　　由图 4-40 和表 4-8、表 4-9 可知，针对 TJMQ 40.5 t-30 m 铁路集装箱专用门式起重机，不同荷载作用位置下铁垫板应力变化趋势相近，幅值变化较小。其中，不同工况下，铁垫板拉应力峰值最大相差 3.450 MPa，仅占比 1.885%；铁垫板 Mises 应力峰值最大相差 2.498 MPa，仅占比 1.305%；由此可知，不同荷载作用位置对铁垫板应力影响甚微。针对 TJMQ 40.5 t-30 m 铁路集装箱专用门式起重机，在不同荷载作用位置工况下，铁垫板最大 Mises 应力为 191.467 MPa，最大拉应力为 183.068 MPa，均未超过安全限值。

　　由图 4-41 和表 4-8、表 4-9 可知，针对 TJMQ 40.5 t-30 m 铁路集装箱专用门式起重机，不同荷载作用位置下橡胶垫板应力变化趋势相近，幅值变化较小。其中，不同工况下，橡胶垫板拉应力峰值最大相差 0.001 MPa，仅占比 0.09%；橡胶垫板 Mises 应力峰值最大相差 0.012 MPa，仅占比 1.03%；由此可知，不同荷载作用位置对橡胶垫板应力影响甚微。针对 TJMQ 40.5 t-30 m 铁路集装箱专用门式起重机，在不同荷载作用位置工况下，橡胶垫板最大 Mises 应力为 1.167 MPa，最大拉应力为 0.111 MPa，均未超过安全限值。

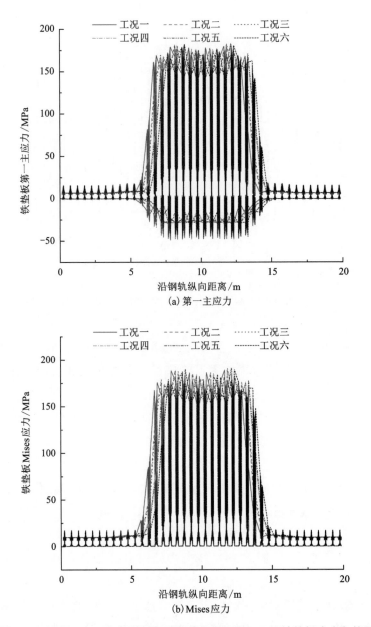

(a) 第一主应力

(b) Mises 应力

图 4-40　TJMQ 40.5 t 起重机不同荷载作用位置工况下铁垫板应力包络图

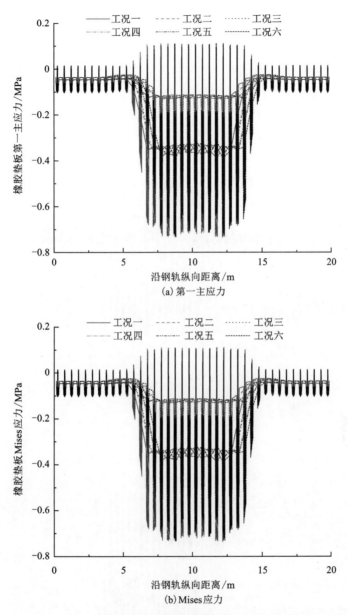

(a) 第一主应力

(b) Mises 应力

图 4-41　TJMQ 40.5 t 起重机不同荷载作用位置工况下橡胶垫板应力包络图

由图 4-42 和表 4-8、表 4-9 可知, 针对 TJMQ 40.5 t-30 m 铁路集装箱专用门式起重机, 不同荷载作用位置下混凝土应力变化趋势相近, 幅值变化较小。其中，不同工况下，混凝土拉应力峰值最大相差 0.015 MPa，仅占比 2.935%；压应力峰值最大相差 0.044 MPa，仅占比 2.527%；混凝土 Mises 应力峰值最大相差 0.027 MPa，仅占比 2.220%；由此可知，不同荷载作用位置对混凝土应力影响甚微。针对 TJMQ 40.5 t−30 m 铁路集装箱专用门式起重机，在不同荷载作用位置工况下，混凝土最大 Mises 应力为 1.216 MPa，最大拉应力为 0.511 MPa，最大压应力为 1.741 MPa，未超过安全限值。

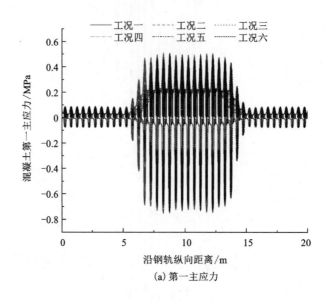

(a) 第一主应力

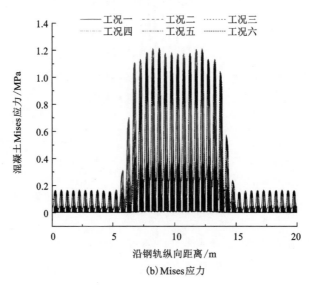

(b) Mises 应力

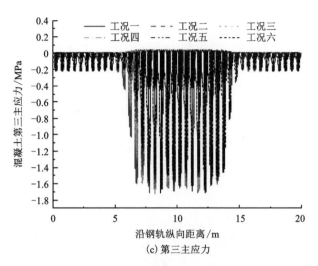

图 4-42　TJMQ 40.5 t 起重机不同荷载作用位置工况下混凝土应力包络图

　　将表 4-8、表 4-9 最大拉应力、Mises 应力依据工况及结构类型的变化绘制成柱状图，如图 4-43 所示。由图 4-43 可知，在金属构件中，铁垫板拉应力峰值最大，钢轨轨头 Mises 应力峰值最大；非金属构件中，混凝土的拉应力峰值和 Mises 应力峰值均最大；与 4.2 节中规律一致。考虑不同材料类型及结构破坏限值，在不同荷载工况下，钢轨轨头、钢轨轨底、钢轨轨腰屈服的安全系数分别为 1.316、4.756、4.612，抗拉的安全系数分别为 14.924、16.798、7.748；扣板、铁垫板屈服的安全系数分别为 2.356、1.045，抗拉的安全系数分别为 7.001、1.912；混凝土抗拉的安全系数为 3.933，抗压的安全系数为 11.545。从材料破坏的安全系数可以得出，铁垫板相对于其他构件较易屈服，且较易拉坏，设计时应重点考虑。针对 TJMQ 40.5 t-30 m 铁路集装箱专用门式起重机，从走行轨系统安全服役的总体上看，不同荷载作用位置下，工况五为最不利工况。

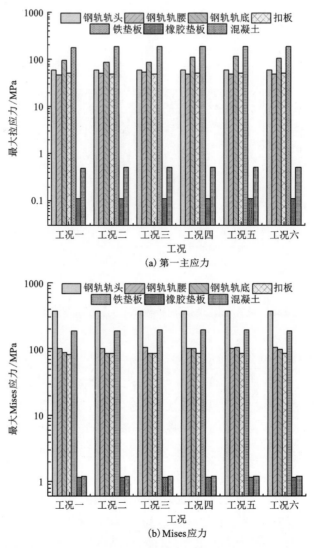

图 4-43 TJMQ 40.5 t 起重机不同荷载位置工况下各结构应力峰值图

4.3.2 不同荷载位置下 50 t 起重机力学特性

由于 50 t-30 mU 型门式起重机两轮组间距较近，且从 4.2.1 节结构力学特性规律中看出两轮组间存在一定的相互叠加作用，故在后续加载中应完整地施加两个轮组荷载。本节主要对车轮作用在扣件支承和跨中处两个特殊位置进行研究，考虑车轮间的相互作用，设置了如表 4-10 的加载工况，荷载大小选用

4.2.2 节中的工况六(最不利工况)的荷载，其荷载施加示意图如图 4-44 所示。

表 4-10　不同荷载作用位置工况

模型加载工况	起重机型号	垂向力/kN	横向力/kN	大车车轮位置
工况一		278.264	4.612	第一轮位于扣件支承位置
工况二		278.264	4.612	第一轮位于扣件跨中位置
工况三		278.264	4.612	第二轮位于扣件支承位置
工况四	50 t-30 mU	278.264	4.612	第二轮位于扣件跨中位置
工况五	型门式起重机	278.264	4.612	第三轮位于扣件支承位置
工况六		278.264	4.612	第三轮位于扣件跨中位置
工况七		278.264	4.612	第四轮位于扣件支承位置
工况八		278.264	4.612	第四轮位于扣件跨中位置

图 4-44　不同工况下荷载施加示意图

50 t-30 mU 型门式起重机在不同荷载作用位置下，钢轨轨头、钢轨轨腰、钢轨轨底、扣板、铁垫板、橡胶垫板、混凝土等门式起重机走行轨系统结构的第一主应力和 Mises 应力分布分别如图 4-45～图 4-51 所示，混凝土第三主应力如图 4-51(c)所示，各结构拉应力和 Mises 应力最大值见表 4-11 和表 4-12。

表 4-11　50 t 起重机不同荷载作用位置工况下各结构拉应力最大值　单位：MPa

结构类型	工况一	工况二	工况三	工况四	工况五	工况六	工况七	工况八
钢轨轨头	59.838	59.873	59.895	59.705	59.878	59.829	59.899	59.797
钢轨轨腰	49.939	52.175	52.975	49.743	52.904	52.339	52.824	51.679
钢轨轨底	115.051	111.832	116.518	109.320	116.826	113.938	114.704	111.689
扣板	50.617	50.462	50.409	50.626	52.376	50.571	50.556	52.757
铁垫板	174.186	176.900	176.929	172.377	176.738	177.023	175.998	176.685
橡胶垫板	0.106	0.106	0.106	0.105	0.107	0.106	0.106	0.107
混凝土	0.486	0.496	0.495	0.483	0.493	0.492	0.493	0.490

表 4-12　50 t 起重机不同荷载作用位置工况下各结构 Mises 应力最大值

单位：MPa

结构类型	工况一	工况二	工况三	工况四	工况五	工况六	工况七	工况八
钢轨轨头	375.133	376.899	376.835	373.904	376.680	376.943	376.627	376.753
钢轨轨腰	104.358	103.518	104.273	101.863	104.155	103.522	104.849	103.808
钢轨轨底	107.442	104.648	108.854	102.040	109.168	106.574	107.331	104.279
扣板	80.637	81.610	81.763	79.986	81.775	81.618	81.737	81.415
铁垫板	183.156	185.157	184.901	181.173	184.701	185.193	183.754	185.088
橡胶垫板	1.123	1.125	1.121	1.117	1.121	1.125	1.124	1.127
混凝土	1.165	1.176	1.176	1.158	1.179	1.176	1.179	1.175

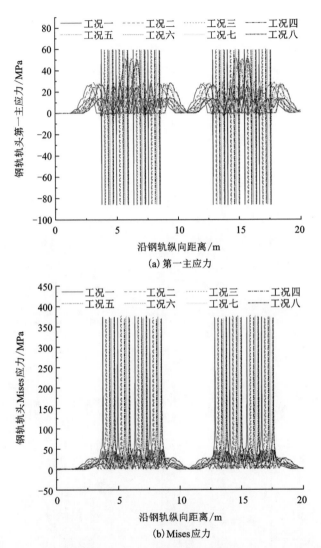

图 4-45　50 t 起重机不同荷载作用位置工况下钢轨轨头应力包络图

　　由图 4-45～图 4-47 和表 4-11、表 4-12 可知，针对 50 t-30 mU 型门式起重机，不同荷载作用位置下钢轨应力变化趋势相近，幅值变化较小。其中，不同工况下，钢轨轨头、钢轨轨腰、钢轨轨底拉应力峰值最大相差值分别为 0.194 MPa、3.232 MPa、7.506 MPa，占比约为 0.324%、6.101%、6.425%；钢轨轨头、钢轨轨腰、钢轨轨底 Mises 应力峰值最大相差值分别为 3.039 MPa、

2.986 MPa、7.128 MPa，占比约为 0.806%、2.848%、6.529%；由此可知，不同荷载作用位置对钢轨轨底影响最大，钢轨轨腰次之，钢轨轨头最小。针对 50 t-30 mU 型门式起重机，在不同荷载作用位置工况下，钢轨最大 Mises 应力为 376.943 MPa，最大拉应力为 116.826 MPa，均未超过安全限值。

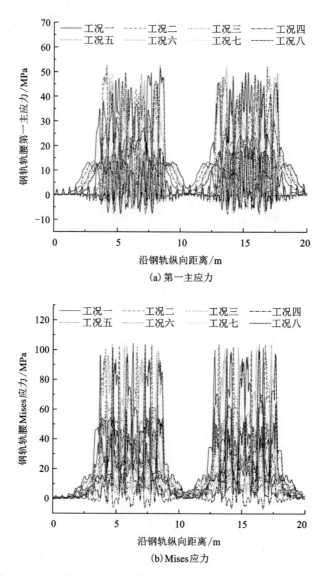

(a) 第一主应力

(b) Mises 应力

图 4-46　50 t 起重机不同荷载作用位置工况下钢轨轨腰应力包络图

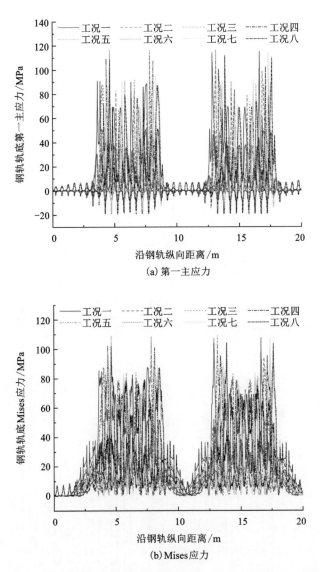

(a) 第一主应力

(b) Mises 应力

图 4-47　50 t 起重机不同荷载作用位置工况下钢轨轨底应力包络图

　　由图 4-48 和表 4-11、表 4-12 可知，针对 50 t-30 mU 型门式起重机，不同荷载作用位置下扣板应力变化趋势相近，幅值变化较小。其中，不同工况下，扣板拉应力峰值最大相差 2.348 MPa，占比 4.451%；扣板 Mises 应力峰值最大相差 1.789 MPa，仅占比 2.188%；由此可知，不同荷载作用位置对扣板应力影响甚微。针对 50 t-30 mU 型门式起重机,在不同荷载作用位置工况下,扣板最大 Mises 应力为 81. 775 MPa,最大拉应力为 52. 757 MPa,均未超过安全限值。

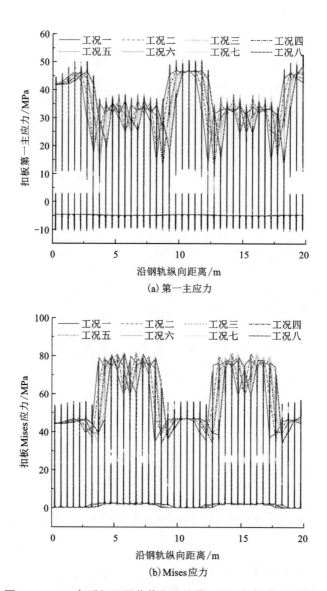

(a) 第一主应力

(b) Mises应力

图 4-48 50 t 起重机不同荷载作用位置工况下扣板应力包络图

由图 4-49 和表 4-11、表 4-12 可知,针对 50 t-30 mU 型门式起重机,不同荷载作用位置下铁垫板应力变化趋势相近,幅值变化较小。其中,不同工况下,铁垫板拉应力峰值最大相差 4.646 MPa,仅占比 2.625%;铁垫板 Mises 应力峰值最大相差 4.02 MPa,仅占比 2.171%;由此可知,不同荷载作用位置对铁垫板应力影响甚微。针对 50 t-30 mU 型门式起重机,在不同荷载作用位置工况下,铁垫板最大 Mises 应力为 185.193 MPa,最大拉应力为 177.023 MPa,均未超过安全限值。

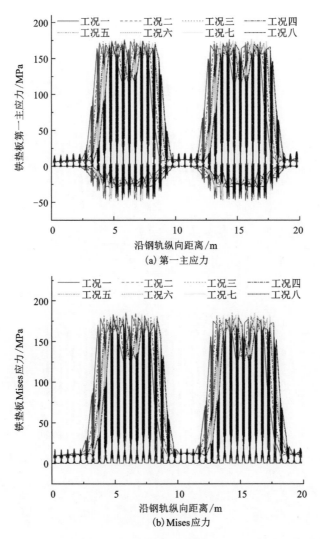

图 4-49　50 t 起重机不同荷载作用位置工况下铁垫板应力包络图

由图 4-50 和表 4-11、表 4-12 可知，针对 50 t-30 mU 型门式起重机，不同荷载作用位置下橡胶垫板应力变化趋势相近，幅值变化较小。其中，不同工况下，橡胶垫板拉应力峰值最大相差 0.002 MPa，仅占比 1.869%；橡胶垫板 Mises 应力峰值最大相差 0.01 MPa，仅占比 0.887%；由此可知，不同荷载作用位置对橡胶垫板应力影响甚微。针对 50 t-30 mU 型门式起重机，在不同荷载作用位置工况下，橡胶垫板最大 Mises 应力为 1.127 MPa，最大拉应力为 0.107 MPa，均未超过安全限值。

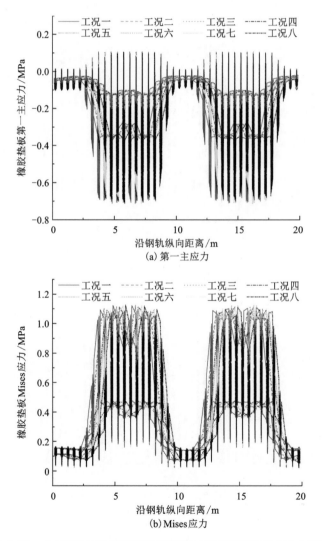

图 4-50　50 t 起重机不同荷载作用位置工况下橡胶垫板应力包络图

由图 4-51 和表 4-11、表 4-12 可知，针对 50 t-30 mU 型门式起重机，不同荷载作用位置下混凝土应力变化趋势相近，幅值变化较小。其中，不同工况下，混凝土拉应力峰值最大相差 0.013 MPa，仅占比 2.621%；混凝土压应力峰值最大相差 0.032 MPa，仅占比 1.900%；混凝土 Mises 应力峰值最大相差 0.021 MPa，仅占比 1.781%；由此可知，不同荷载作用位置对混凝土应力影响甚微。针对 50 t-30 mU 型门式起重机，在不同荷载作用位置工况下，混凝土最大 Mises 应力为 1.179 MPa，最大拉应力为 0.496 MPa，最大压应力为 1.684 MPa，未超过安全限值。

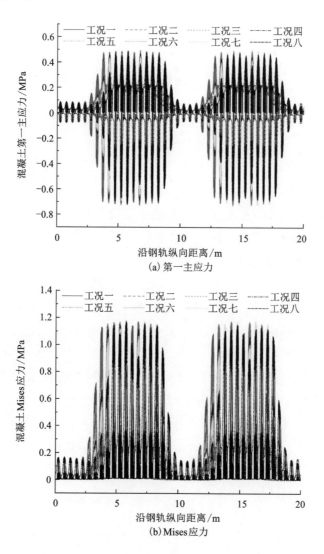

(a) 第一主应力

(b) Mises 应力

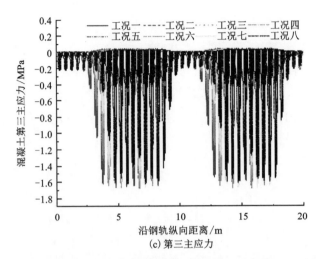

图 4-51　50 t 起重机不同荷载作用位置工况下混凝土应力包络图

　　将表 4-11、表 4-12 最大拉应力、Mises 应力依据工况及结构类型的变化绘制成柱状图，如图 4-52 所示。由图 4-52 可知，在金属构件中，铁垫板拉应力峰值最大，钢轨轨头 Mises 应力峰值最大；在非金属构件中，混凝土的拉应力峰值和 Mises 应力峰值均最大；与 4.2 节中规律一致。考虑不同材料类型及结构破坏限值，在不同荷载工况下，钢轨轨头、钢轨轨底、钢轨轨腰屈服的安全系数分别为 1.300、4.673、4.488，抗拉的安全系数分别为 14.691、16.612、7.533；扣板、铁垫板屈服的安全系数分别为 2.446、1.080，抗拉的安全系数分别为 6.634、1.977；混凝土抗拉的安全系数为 4.052，抗压的安全系数为 1.684。从材料破坏的安全系数可以得出，铁垫板相对于其他构件较易屈服，且较易拉坏，设计时应重点考虑。针对 50 t-30 mU 型门式起重机，从走行轨系统安全服役的总体上看，不同荷载作用位置下，工况六为最不利工况，但与 4.3.1 节中工况五相比，50 t-30 mU 型门式起重机荷载作用下工况六偏安全。

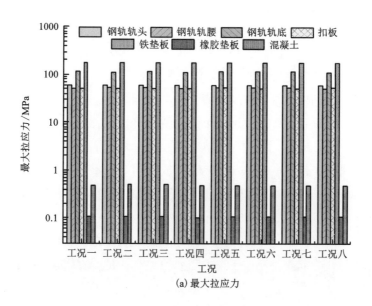

(a) 最大拉应力

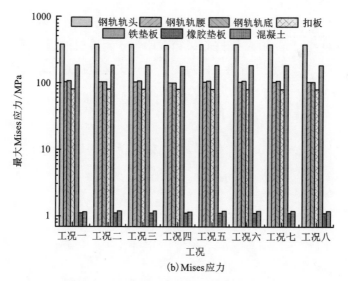

(b) Mises 应力

图 4-52　50 t 起重机不同荷载作用位置工况下最大拉应力、Mises 应力图

4.4　本章小结

　　本章在第 3 章建立的门式起重机走行轨系统结构空间精细化耦合模型的基础上，分析了不同型式起重机下的不同起重荷载、起重小车不同位置对门式起重机走行轨系统结构力学特性的影响，探究了不同门式起重机荷载不同作用位置对走行轨系统结构力学的影响，提出了最不利的荷载加载方式，主要结论如下：

　　①针对 TJMQ 40.5 t–30 m 铁路集装箱专用门式起重机，起重荷载为空载时，起重小车位于悬臂端处的偏载量约为起重小车位于正中间处的 30%，与实测结论相吻合；起重荷载满载时，偏载量约为 50%。

　　②针对 50 t–30 mU 型门式起重机，起重荷载为空载时，起重小车位于悬臂端处的偏载量约为起重小车位于正中间处的 17%；起重荷载满载时，偏载量约为 40%。

　　③在门式起重机走行轨系统结构中，从安全系数看，钢轨轨头、铁垫板较易引起屈服，同时铁垫板较易受拉破坏，故铁垫板在设计时应着重考虑。

　　④在 TJMQ 40.5 t–30 m 铁路集装箱专用门式起重机的起重荷载为满载状态下，且第三个走行轮位于扣件支承处时，为门式起重机走行轨安全服役最不利工况加载方式。

第5章 门式起重机走行轨系统病害分析及结构参数优化研究

5.1 铁垫板脱空对走行轨系统结构力学特性影响分析

5.1.1 铁垫板横向脱空

根据有限元模型网格划分尺寸，设置铁垫板横向脱空率为 0%(工况一)、15%(工况二)、30%(工况三)、45%(工况四)、60%(工况五)、75%(工况六)六种工况，其中工况一为标准工况，模型采用 3.1 节中所建立的 20 m 有限元模型，起重机荷载选用第 4 章结构力学特性中最不利工况(4.3.1 节的工况五)进行加载。钢轨轨头、钢轨轨腰、钢轨轨底、扣板、铁垫板、橡胶垫板、混凝土等门式起重机走行轨系统结构的第一主应力和 Mises 应力分布分别如图 5-1~图 5-7 所示，混凝土第三主应力如图 5-7(c)所示，各结构拉应力和 Mises 应力最大值见表 5-1 和表 5-2。

表 5-1　不同铁垫板横向脱空工况下各结构拉应力最大值　单位：MPa

结构类型	工况一	工况二	工况三	工况四	工况五	工况六
钢轨轨头	58.967	51.497	58.914	58.883	51.204	51.137
钢轨轨腰	47.810	47.662	47.149	49.032	51.660	57.901
钢轨轨底	113.582	115.545	117.981	121.502	126.318	138.333
扣板	49.991	51.363	52.639	56.256	55.784	57.899
铁垫板	183.068	196.744	209.460	235.940	251.705	327.260
橡胶垫板	0.111	0.156	0.000	0.000	0.000	0.000
混凝土	0.506	0.485	0.475	0.497	0.482	0.553

表 5-2　不同铁垫板横向脱空工况下各结构 Mises 应力最大值 单位：MPa

结构类型	工况一	工况二	工况三	工况四	工况五	工况六
钢轨轨头	372.141	317.336	371.807	371.666	316.617	316.626
钢轨轨腰	102.404	103.061	101.246	100.272	99.885	99.022
钢轨轨底	106.235	108.799	110.359	114.359	126.302	158.411
扣板	84.734	86.672	89.444	89.421	93.207	105.357
铁垫板	191.467	206.228	220.428	249.854	267.526	350.550
橡胶垫板	1.163	1.320	1.549	1.956	2.575	4.037
混凝土	1.213	1.276	1.452	1.790	2.283	3.242

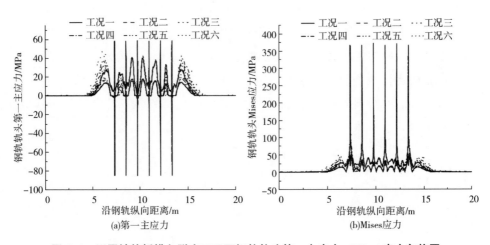

(a)第一主应力　　　　　　　　(b)Mises应力

图 5-1　不同铁垫板横向脱空工况下钢轨轨头第一主应力、Mises 应力包络图

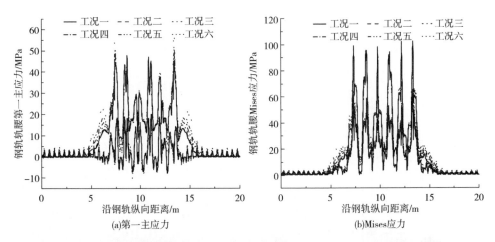

图 5-2　不同铁垫板横向脱空工况下钢轨轨腰第一主应力、Mises 应力包络图

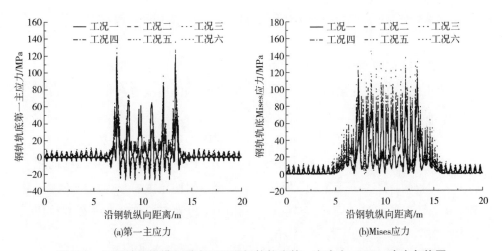

图 5-3　不同铁垫板横向脱空工况下钢轨轨底第一主应力、Mises 应力包络图

由图 5-1~图 5-3 和表 5-1、表 5-2 可知,不同程度铁垫板横向脱空对钢轨轨头、钢轨轨腰、钢轨轨底的第一主应力和 Mises 应力变化趋势影响不大。铁垫板横向脱空越严重,钢轨轨底拉应力峰值和 Mises 应力峰值均有增大趋势,而钢轨轨头和钢轨轨腰幅值变化不大。其中,当铁垫板横向脱空率达 75% 时,与标准工况相比,钢轨轨底最大拉应力变化量达 24.751 MPa,增加了 21.106%;

最大 Mises 应力变化量达 52.176 MPa，增加了 49.114%；说明铁垫板横向脱空病害对钢轨轨底破坏产生一定影响。针对铁垫板横向脱空这种病害，钢轨最大 Mises 应力为 372.141 MPa，最大拉应力为 138.333 MPa，均未超过安全限值。

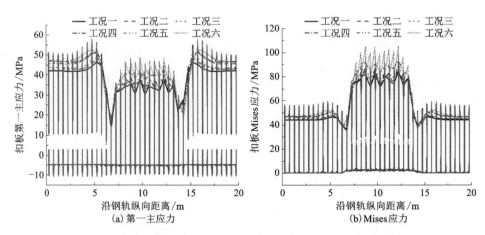

图 5-4　不同铁垫板横向脱空工况下扣板第一主应力、Mises 应力包络图

由图 5-4 和表 5-1、表 5-2 可知，不同程度铁垫板横向脱空对扣板的第一主应力和 Mises 应力变化趋势影响不大。铁垫板横向脱空越严重，扣板拉应力峰值和 Mises 应力峰值总体上均有增大趋势。其中，铁垫板横向脱空率达 75% 时，与标准工况相比，扣板最大拉应力变化量达 7.908 MPa，增加了 15.819%；最大 Mises 应力变化量达 20.623 MPa，增加了 24.339%；说明铁垫板横向脱空病害对扣板破坏产生一定影响，但从扣板安全限值的角度看总体影响不大。针对铁垫板横向脱空这种病害，扣板最大 Mises 应力为 57.899 MPa，最大拉应力为 105.357 MPa，均未超过安全限值。

由图 5-5 和表 5-1、表 5-2 可知，不同程度铁垫板横向脱空对铁垫板的第一主应力和 Mises 应力变化趋势影响不大。铁垫板横向脱空越严重，铁垫板拉应力峰值和 Mises 应力峰值均增大。其中，铁垫板横向脱空率达 75% 时，与标准工况相比，铁垫板最大拉应力变化量高达 144.192 MPa，增加了 78.764%；最大 Mises 应力变化量高达 159.083 MPa，增加了 83.086%；说明铁垫板横向脱空病害对铁垫板的安全服役影响很大。从表 5-2 可以看出，当铁垫板横向脱空率达到 15% 时，铁垫板 Mises 应力已经超过了屈服强度，开始发生塑性变形，

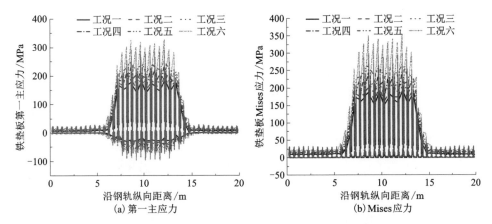

图 5-5　不同铁垫板横向脱空工况下铁垫板第一主应力、Mises 应力包络图

对安全生产留下隐患。针对铁垫板横向脱空这种病害，铁垫板最大 Mises 应力为 350.550 MPa，最大拉应力为 327.260 MPa，铁垫板已经屈服，但还未被拉坏。因此，当发现铁垫板发生横向脱空时，应及时更换橡胶垫板以保证安全生产。

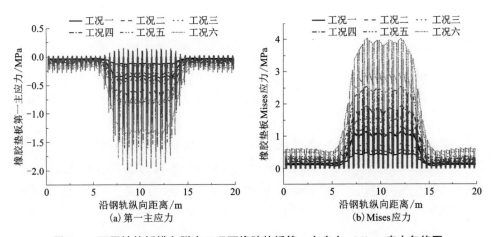

图 5-6　不同铁垫板横向脱空工况下橡胶垫板第一主应力、Mises 应力包络图

由图 5-6 和表 5-1、5-2 可知，不同程度铁垫板横向脱空对未损坏的橡胶垫板的第一主应力和 Mises 应力变化趋势影响不大。铁垫板横向脱空越严重，橡胶垫板最大 Mises 应力增大，而最大拉应力先增大后减小，最后趋于 0，未损坏部分的橡胶垫板主要受压。

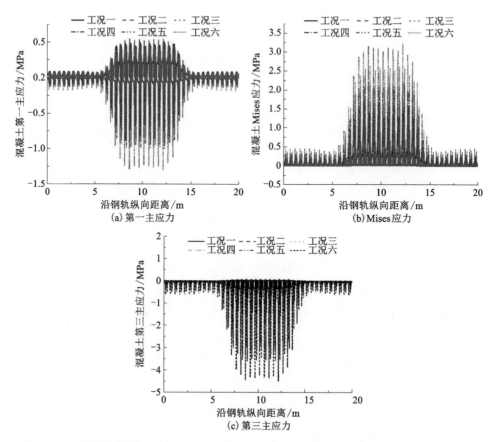

图 5-7 不同铁垫板横向脱空工况下混凝土第一主应力、Mises 应力、第三主应力包络图

由图 5-7 和表 5-1、5-2 可知，不同程度铁垫板横向脱空对混凝土的第一主应力和 Mises 应力变化趋势影响不大。随着铁垫板横向脱空率的增加，混凝土总体上拉应力峰值、压应力峰值和 Mises 应力峰值均增大。其中，铁垫板横向脱空率达 75% 时，与标准工况相比，混凝土最大拉应力变化量达 0.047 MPa，增加了 9.289%；最大压应力变化量达 2.799 MPa，增加了 1.639 倍；最大 Mises 应力变化量达 2.029 MPa，增加了 1.673 倍；说明铁垫板横向脱空病害对混凝土的安全服役有一定影响。

将表 5-1、表 5-2 最大拉应力、Mises 应力依据工况及结构类型的变化绘制成柱状图，如图 5-8 所示。在铁垫板横向脱空病害下，铁垫板拉应力峰值最大，并随着铁垫板横向脱空率的增加而增大；Mises 应力峰值最大的构件起初是钢轨轨头，随着铁垫板横向脱空率的增加，铁垫板的 Mises 应力峰值超过了钢轨轨头的 Mises 应力峰值。考虑不同材料类型及结构破坏限值，在铁垫板横向脱空病害下，钢轨轨头、钢轨轨底、钢轨轨腰屈服的安全系数分别为 1.317、4.754、3.093，抗拉的安全系数分别为 14.924、15.198、6.361；扣板、铁垫板屈服的安全系数分别为 1.898、0.571，抗拉的安全系数分别为 6.045、1.069；混凝土抗拉的安全系数为 3.635，抗压的安全系数为 4.460。从材料破坏的安全系数可以得出，铁垫板已经屈服，且较易拉坏，故在发现铁垫板横向脱空病害时应及时更换橡胶垫板。

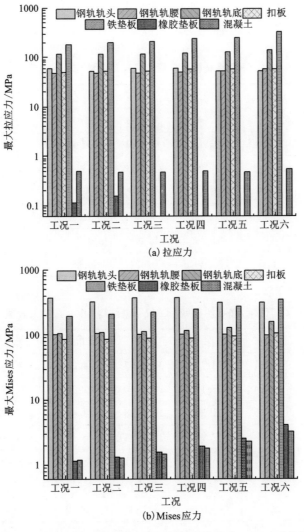

图 5-8　不同铁垫板横向脱空工况下最大拉应力、Mises 应力图

5.1.2 铁垫板纵向脱空

根据有限元模型网格划分尺寸,设置铁垫板纵向脱空率为0%(工况一)、16.577%(工况二)、29.730%(工况三)、40.541%(工况四)、57.838%(工况五)、75.135%(工况六)六种工况,其中工况一为标准工况,采用的有限元模型和起重机荷载与5.1.1节一致。钢轨轨头、钢轨轨腰、钢轨轨底、扣板、铁垫板、橡胶垫板、混凝土等门式起重机走行轨系统结构的第一主应力和Mises应力分布分别如图5-9~图5-15所示,混凝土(承轨梁)第三主应力如图5-15(c)所示,各结构拉应力和Mises应力最大值见表5-3和表5-4。

表5-3 不同铁垫板纵向脱空工况下各结构拉应力最大值　　单位:MPa

结构类型	工况一	工况二	工况三	工况四	工况五	工况六
钢轨轨头	58.967	58.964	58.963	60.057	58.987	61.639
钢轨轨腰	47.810	48.964	50.859	52.643	57.035	64.889
钢轨轨底	113.582	121.199	133.020	143.118	159.706	420.561
扣板	49.991	50.423	66.928	83.901	130.813	649.145
铁垫板	183.068	236.042	340.891	452.252	570.742	748.651
橡胶垫板	0.111	0.139	0.193	0.710	0.465	0.000
混凝土	0.506	0.549	0.621	0.689	0.827	1.120

表5-4 不同铁垫板纵向脱空工况下各结构Mises应力最大值　　单位:MPa

结构类型	工况一	工况二	工况三	工况四	工况五	工况六
钢轨轨头	372.141	372.269	372.487	374.244	372.944	374.201
钢轨轨腰	102.404	102.175	101.910	101.750	106.288	113.337
钢轨轨底	106.235	112.368	135.428	163.453	208.747	854.248
扣板	84.734	107.902	178.508	246.109	402.090	600.020
铁垫板	191.467	246.229	351.992	458.776	566.292	748.492
橡胶垫板	1.163	1.545	2.409	3.447	3.475	5.175
混凝土	1.213	1.405	1.752	2.080	2.604	3.853

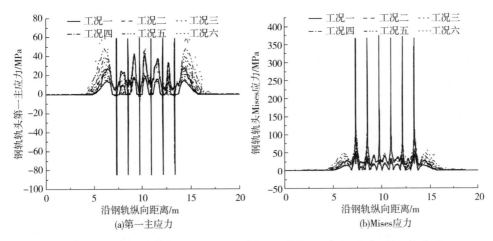

图 5-9　不同铁垫板纵向脱空工况下钢轨轨头第一主应力、Mises 应力包络图

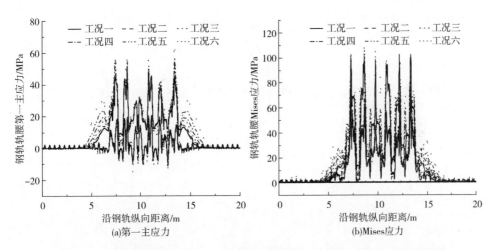

图 5-10　不同铁垫板纵向脱空工况下钢轨轨腰第一主应力、Mises 应力包络图

由图 5-9~图 5-11 和表 5-3、表 5-4 可知，不同程度铁垫板纵向脱空对钢轨轨头、钢轨轨腰的第一主应力和 Mises 应力变化趋势影响不大，而钢轨轨底在纵向脱空达到 75.135% 时存在应力突变。铁垫板纵向脱空越严重，钢轨轨底拉应力峰值和 Mises 应力峰值有增大趋势，而钢轨轨头和钢轨轨腰幅值变化不大。其中，在铁垫板纵向脱空率达 75.135% 时，与标准工况相比，钢轨轨底最

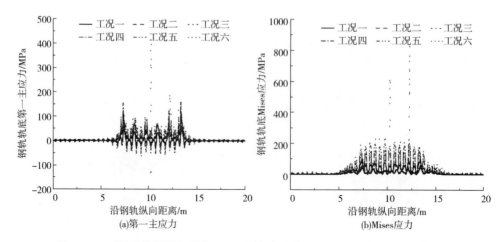

图 5-11　不同铁垫板纵向脱空工况下钢轨轨底第一主应力、Mises 应力包络图

大拉应力变化量达 306.979 MPa，增加了 2.703 倍；最大 Mises 应力变化量达 748.013 MPa，增加了 7.041 倍；说明铁垫板纵向脱空病害对钢轨轨底破坏影响很大。针对铁垫板纵向脱空这种病害，钢轨最大 Mises 应力为 854.248 MPa，最大拉应力为 420.561 MPa，已经超过了钢轨屈服强度，但未超过其抗拉强度。由此可得，铁垫板纵向脱空对钢轨应力变化影响较大，应密切关注。

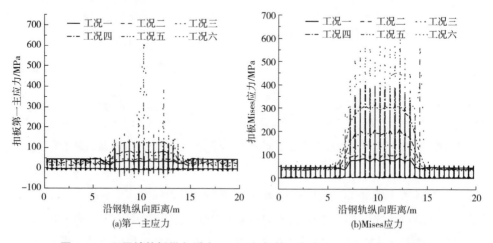

图 5-12　不同铁垫板纵向脱空工况下扣板第一主应力、Mises 应力包络图

由图 5-12 和表 5-3、表 5-4 可知，与钢轨轨底一致，在铁垫板纵向脱空率达 75.135%时，扣板第一主应力变化存在突变。铁垫板纵向脱空越严重，扣板拉应力峰值和 Mises 应力峰值均有增大趋势。其中，铁垫板纵向脱空率达 75.135%时，与标准工况相比，扣板最大拉应力变化量高达 599.154 MPa，增加了 11.985 倍；最大 Mises 应力变化量高达 515.286 MPa，增加了 6.081 倍；说明铁垫板纵向脱空病害对扣板破坏影响极大。铁垫板纵向脱空率达到 40.541%时，扣板已屈服；纵向脱空率达到 75.135%时，扣板已被拉坏。

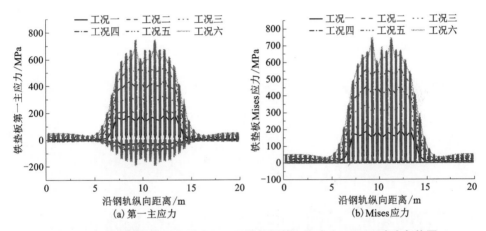

图 5-13　不同铁垫板纵向脱空工况下铁垫板第一主应力、Mises 应力包络图

由图 5-13 和表 5-3、表 5-4 可知，不同程度铁垫板纵向脱空对铁垫板的第一主应力和 Mises 应力变化趋势影响不大。铁垫板纵向脱空越严重，铁垫板拉应力峰值和 Mises 应力峰值均增大。其中，铁垫板纵向脱空率达 75%时，与标准工况相比，铁垫板最大拉应力变化量高达 565.583 MPa，增加了 3.089 倍；最大 Mises 应力变化量高达 557.025 MPa，增加了 2.909%；说明铁垫板纵向脱空病害对铁垫板的安全服役影响很大。从表 5-2 可以看出，当铁垫板纵向脱空率达到 16.577%时，铁垫板 Mises 应力已经超过了屈服强度，开始发生塑性变形，对安全生产留下隐患；当铁垫板纵向脱空率达到 40.541%时，铁垫板最大拉应力已经超过了抗拉强度，铁垫板被拉坏。因此，当发现铁垫板发生纵向脱空时，应及时更换橡胶垫板以保证安全生产。

由图 5-14 和表 5-3、表 5-4 可知，不同程度铁垫板纵向脱空对未破坏的橡胶垫板的第一主应力和 Mises 应力变化趋势影响不大。铁垫板纵向脱空越严

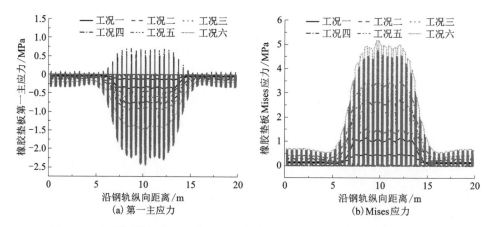

(a) 第一主应力　　　　　　　　　　(b) Mises 应力

图 5-14　不同铁垫板纵向脱空工况下橡胶垫板第一主应力、Mises 应力包络图

重，橡胶垫板 Mises 应力峰值呈增大趋势，而最大拉应力先增大后减至零，未破坏的橡胶垫板主要受压，与铁垫板横向脱空病害规律一致。

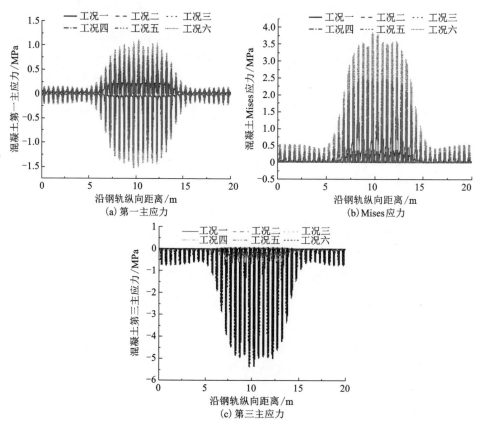

(a) 第一主应力　　　　　　　　　　(b) Mises 应力

(c) 第三主应力

图 5-15　不同铁垫板纵向脱空工况下混凝土第一主应力、Mises 应力、第三主应力包络图

由图 5-15 和表 5-3、表 5-4 可知，不同程度铁垫板纵向脱空对混凝土的第一主应力、Mises 应力和第三主应力变化趋势影响不大。随着铁垫板纵向脱空率的增加，混凝土承轨梁最大拉应力、压应力和 Mises 应力均增大。其中，铁垫板纵向脱空率达 75% 时，与标准工况相比，混凝土最大拉应力变化量达 0.614 MPa，增加了 1.213 倍；最大压应力变化量达 3.695 MPa，增加了 2.163 倍；最大 Mises 应力变化量达 2.64 MPa，增加了 2.176 倍；说明铁垫板纵向脱空病害对混凝土的安全服役有影响，但未超出抗拉强度限值。

将表 5-3、表 5-4 最大拉应力、Mises 应力依据工况及结构类型的变化绘制成柱状图，如图 5-16 所示。在铁垫板纵向脱空病害下，铁垫板拉应力峰值最大，并随着脱空率的增加而增大；Mises 应力峰值最大的构件起初是钢轨轨头，随着纵向脱空率的增加，铁垫板的 Mises 应力峰值超过了钢轨轨头的 Mises 应力峰值。考虑不同材料类型及结构破坏限值，在铁垫板纵向脱空病害下，钢轨轨头、钢轨轨底、钢轨轨腰屈服的安全系数分别为 1.309、4.323、0.574，抗拉的安全系数分别为 14.277、13.562、2.092；扣板、铁垫板屈服的安全系数分别为 0.333、0.267，抗拉的安全系数分别为 0.539、0.467；混凝土抗拉的安全系数为 1.794，抗压的安全系数为 3.720。当铁垫板纵向脱空率达到 16.577% 时，走行轨系统中有结构达到屈服；当铁垫板纵向脱空率达到 40.541% 时，走行轨系统中有结构被拉坏。因此，在发现铁垫板纵向脱空时，应及时更换橡胶垫板以保证安全。结合 5.1.1 节铁垫板横向脱空病害分析可知，在铁垫板脱空率相同的情况下，纵向脱空比横向脱空更危险。

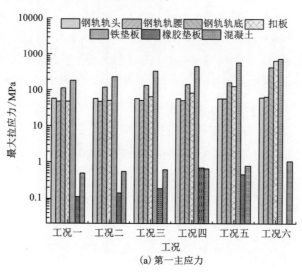

(a) 第一主应力

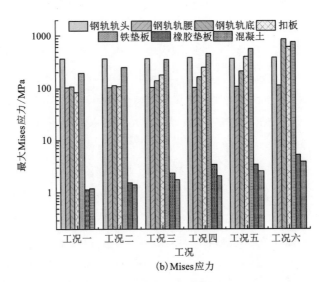

(b) Mises 应力

图 5-16　不同铁垫板纵向脱空工况下最大拉应力、Mises 应力图

5.2　铁垫板锈蚀变薄对走行轨系统结构力学特性影响分析

由于铁垫板在走行轨系统服役过程中会出现一定的锈蚀变薄现象，探究铁垫板锈蚀变薄病害对走行轨系统结构力学特性的影响是必要的，故设置铁垫板厚度为 5 mm（工况一）、6 mm（工况二）、7 mm（工况三）、8 mm（工况四）、9 mm（工况五）、10 mm（工况六）六种工况，其中工况六为标准工况（铁垫板未锈蚀），模型采用 3.1 节中所建立的 20 m 有限元模型，起重机荷载选用第 4 章结构力学特性中最不利工况（4.3.1 节的工况五）进行加载。钢轨轨头、钢轨轨腰、钢轨轨底、扣板、铁垫板、橡胶垫板、混凝土等门式起重机走行轨系统结构的第一主应力和 Mises 应力分布分别如图 5-17～图 5-23 所示，混凝土（承轨梁）第三主应力如图 5-23(c) 所示，各结构拉应力和 Mises 应力最大值见表 5-5 和表 5-6。

表 5-5　不同铁垫板锈蚀工况下各结构拉应力最大值　　　单位：MPa

结构类型	工况一	工况二	工况三	工况四	工况五	工况六
钢轨轨头	51.534	51.600	58.880	59.455	59.490	58.967
钢轨轨腰	47.184	47.384	47.488	47.620	47.754	47.810
钢轨轨底	115.063	116.090	115.621	115.418	114.489	113.582
扣板	47.768	49.734	50.808	51.057	50.803	49.991
铁垫板	378.886	318.228	272.005	235.919	206.910	183.068
橡胶垫板	0.112	0.113	0.113	0.112	0.112	0.111
混凝土	0.443	0.457	0.472	0.485	0.496	0.506

表 5-6　不同铁垫板锈蚀工况下各结构 Mises 应力最大值　　　单位：MPa

结构类型	工况一	工况二	工况三	工况四	工况五	工况六
钢轨轨头	316.690	316.965	371.735	371.801	371.919	372.141
钢轨轨腰	101.119	101.794	101.483	101.808	102.087	102.404
钢轨轨底	109.200	109.020	108.310	107.655	107.346	106.235
扣板	82.197	92.447	94.556	92.778	88.534	84.734
铁垫板	373.356	318.003	275.453	241.797	214.015	191.467
橡胶垫板	1.398	1.328	1.273	1.228	1.192	1.163
混凝土	1.443	1.376	1.322	1.278	1.242	1.213

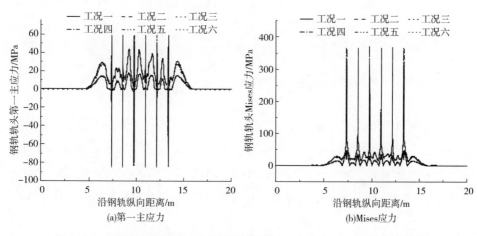

图 5-17　不同铁垫板锈蚀工况下钢轨轨头第一主应力、Mises 应力包络图

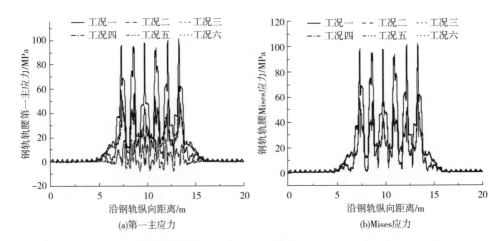

图 5-18　不同铁垫板锈蚀工况下钢轨轨腰第一主应力、Mises 应力包络图

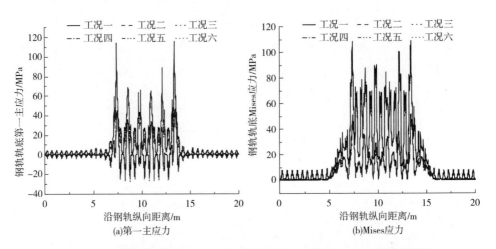

图 5-19　不同铁垫板锈蚀工况下钢轨轨底第一主应力、Mises 应力包络图

　　由图 5-17~图 5-19 和表 5-5、表 5-6 可知，不同程度铁垫板锈蚀变薄对钢轨轨头、钢轨轨腰、钢轨轨底的第一主应力和 Mises 应力变化趋势影响不大。铁垫板锈蚀越严重，钢轨轨底最大拉应力和 Mises 应力总体呈增大趋势，而钢轨轨头和钢轨轨腰总体呈减小趋势，但变化量较小，对钢轨影响较小。其中，在铁垫板板厚变薄至 5 mm 时，与标准工况相比，钢轨轨底最大拉应力变化量

达 1.481 MPa，增加了 1.304%；最大 Mises 应力变化量达 2.965 MPa，增加了 2.791%；说明铁垫板锈蚀变薄对钢轨轨底破坏会产生一定影响，但影响甚微。针对铁垫板锈蚀变薄这种病害，钢轨最大 Mises 应力为 372.141 MPa，最大拉应力为 116.090 MPa，均未超过安全限值。

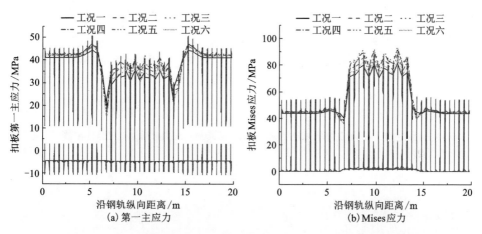

图 5-20　不同铁垫板锈蚀工况下扣板第一主应力、Mises 应力包络图

由图 5-20 和表 5-5、表 5-6 可知，不同程度铁垫板锈蚀变薄病害对扣板的第一主应力和 Mises 应力变化趋势影响不大，且应力大小相近。其中，在铁垫板板厚变薄至 5 mm 时，与标准工况相比，扣板最大拉应力变化量达 2.223 MPa，减少了 4.447%；最大 Mises 应力变化量达 2.537 MPa，减少了 2.994%；说明铁垫板锈蚀变薄对扣板破坏影响甚微。针对铁垫板锈蚀变薄这种病害，扣板最大 Mises 应力为 94.556 MPa，最大拉应力为 51.057 MPa，均未超过安全限值。

由图 5-21 和表 5-5、表 5-6 可知，不同程度铁垫板锈蚀变薄病害对铁垫板的第一主应力和 Mises 应力变化趋势影响不大。铁垫板锈蚀越严重，铁垫板第一主应力和 Mises 应力呈增大趋势。其中，在铁垫板板厚变薄至 5 mm 时，与标准工况相比，铁垫板拉应力峰值增加了 195.818 MPa，增加了 1.070 倍；Mises 应力峰值增加了 181.889 MPa，增加了 94.997%；说明铁垫板锈蚀变薄对铁垫板破坏影响较大。从表 5-5、表 5-6 中可以看出，当铁垫板锈蚀变薄至 9 mm 时，铁垫板开始屈服；当铁垫板锈蚀变薄至 5 mm 时，铁垫板已被拉坏。由此可得，铁垫板防锈养护十分必要。

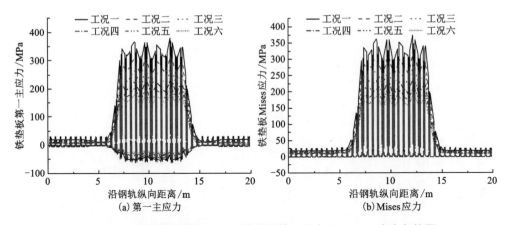

图 5-21　不同铁垫板锈蚀工况下铁垫板第一主应力、Mises 应力包络图

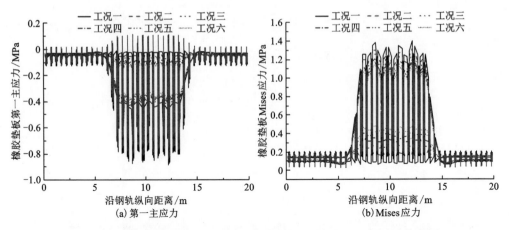

图 5-22　不同铁垫板锈蚀工况下橡胶垫板第一主应力、Mises 应力包络图

　　由图 5-22 和表 5-5、表 5-6 可知，不同程度铁垫板锈蚀变薄病害对橡胶垫板的第一主应力和 Mises 应力变化趋势影响不大。铁垫板锈蚀越严重，铁垫板拉应力峰值基本不变，Mises 应力峰值呈增大趋势。在铁垫板锈蚀变薄工况中，橡胶垫板拉应力峰值最大相差 0.002 MPa，是标准工况的 1.770%；橡胶垫板 Mises 应力峰值最大相差 0.235 MPa，是标准工况的 20.206%；说明铁垫板锈蚀变薄对橡胶垫板有一定影响。

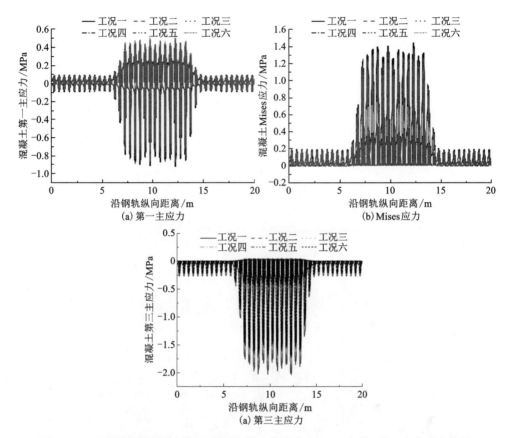

图 5-23　不同铁垫板锈蚀工况下混凝土第一主应力、Mises 应力、第三主应力包络图

　　由图 5-23 和表 5-5、表 5-6 可知,不同程度铁垫板锈蚀变薄对混凝土的第一主应力和 Mises 应力变化趋势影响不大。铁垫板锈蚀变薄越严重,混凝土 Mises 应力和压应力峰值呈增大趋势,而拉应力峰值呈减小趋势。其中,当铁垫板锈蚀变薄至 5 mm 时,与标准工况相比,混凝土最大拉应力变化量达 0.063 MPa,减少了 12.451%;最大 Mises 应力变化量达 0.230 MPa,增加了 18.961%;最大压应力变化量达 0.328 MPa,增加了 19.204%;说明铁垫板锈蚀变薄病害对混凝土的安全服役有一定影响。

　　将表 5-5、表 5-6 最大拉应力、Mises 应力依据工况及结构类型的变化绘制成柱状图,如图 5-24 所示。在铁垫板锈蚀变薄病害下,铁垫板拉应力峰值最大,并随着铁垫板锈蚀变薄程度的增加而增大;Mises 应力峰值最大的构件起

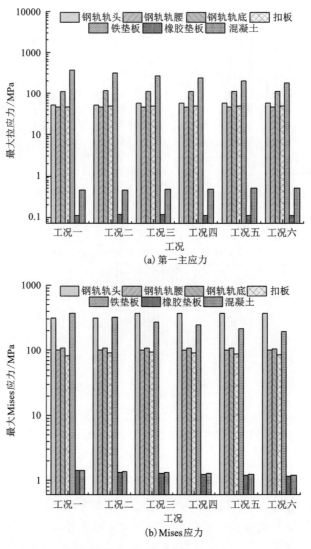

图 5-24 不同铁垫板锈蚀工况下最大拉应力、Mises 应力图

初是钢轨轨头，随着铁垫板锈蚀变薄程度的增加，最终铁垫板的 Mises 应力峰值超过了钢轨轨头的 Mises 应力峰值。考虑不同材料类型及结构破坏限值，在铁垫板锈蚀变薄病害下，钢轨轨头、钢轨轨底、钢轨轨腰屈服的安全系数分别为 1. 317、4. 785、4. 487，抗拉的安全系数分别为 14. 792、18. 406、7. 580；扣

板、铁垫板屈服的安全系数分别为 2.115、0.536，抗拉的安全系数分别为 6.855、0.924；混凝土抗拉的安全系数为 3.972，抗压的安全系数为 9.872。当铁垫板锈蚀变薄至 9 mm 时，铁垫板达到屈服；当铁垫板锈蚀变薄至 5 mm 时，铁垫板被拉坏。因此，在发现铁垫板锈蚀较严重时，应及时更换铁垫板以保证安全。

5.3　橡胶垫板老化对走行轨系统结构力学特性影响分析

由于门式起重机走行轨系统安全服役过程中会出现橡胶垫板老化现象，故探究橡胶垫板老化病害对走行轨系统结构力学特性的影响是必要的，设置橡胶垫板弹性模量为 6.091 MPa(工况一)、10.669 MPa(工况二)、20 MPa(工况三)、50 MPa(工况四)、100 MPa(工况五)、200 MPa(工况六)六种工况，其中工况一为标准工况(橡胶垫板弹性良好)，模型采用 3.1 节中所建立的 20 m 有限元模型，起重机荷载选用第 4 章结构力学特性中最不利工况(4.3.1 节的工况五)进行加载。钢轨轨头、钢轨轨腰、钢轨轨底、扣板、铁垫板、橡胶垫板、混凝土等门式起重机走行轨系统结构的第一主应力和 Mises 应力分布分别如图 5-25~图 5-31 所示，混凝土第三主应力如图 5-31(c)所示，各结构拉应力和 Mises 应力最大值见表 5-7 和表 5-8。

表 5-7　不同橡胶垫板老化工况下各结构拉应力最大值　　单位：MPa

结构类型	工况一	工况二	工况三	工况四	工况五	工况六
钢轨轨头	58.967	58.978	59.018	59.073	59.157	51.502
钢轨轨腰	47.810	46.798	46.126	45.549	44.801	43.898
钢轨轨底	113.582	102.832	87.158	74.697	62.794	54.706
扣板	49.991	46.587	41.611	38.284	38.310	43.974
铁垫板	183.068	162.988	132.057	109.937	92.108	74.787
橡胶垫板	0.111	0.118	0.137	0.280	0.428	0.463
混凝土	0.506	0.487	0.472	0.481	0.509	0.542

表 5-8 不同橡胶垫板老化工况下各结构 Mises 应力最大值 单位：MPa

结构类型	工况一	工况二	工况三	工况四	工况五	工况六
钢轨轨头	372.141	372.256	372.775	373.608	374.841	321.792
钢轨轨腰	102.404	103.220	104.464	105.622	106.978	107.870
钢轨轨底	106.235	95.610	80.376	70.526	60.998	56.699
扣板	84.734	70.810	52.748	53.590	55.863	56.010
铁垫板	191.467	171.011	139.537	120.224	102.700	85.670
橡胶垫板	1.163	1.298	1.627	2.062	2.665	3.534
混凝土	1.213	1.328	1.614	1.967	2.413	2.979

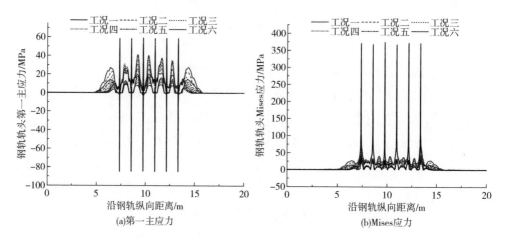

图 5-25 不同橡胶垫板老化工况下钢轨轨头第一主应力、Mises 应力包络图

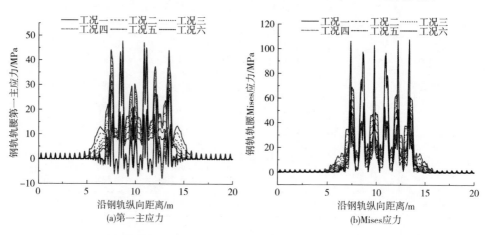

图 5-26 不同橡胶垫板老化工况下钢轨轨腰第一主应力、Mises 应力包络图

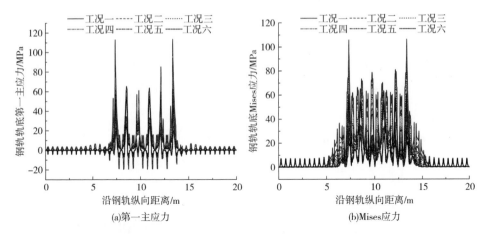

(a)第一主应力　　　　　　　　　(b)Mises应力

图 5-27　不同橡胶垫板老化工况下钢轨轨底第一主应力、Mises 应力包络图

由图 5-25～图 5-27 和表 5-7、表 5-8 可知，不同程度橡胶垫板老化对钢轨轨头、钢轨轨腰、钢轨轨底的第一主应力和 Mises 应力趋势变化影响不大。橡胶垫板老化越严重，钢轨轨底拉应力峰值和 Mises 应力峰值呈减小趋势，而钢轨轨头和钢轨轨腰变化量较小。其中，在橡胶垫板弹性模量老化至 200 MPa 时，与标准工况相比，钢轨轨底最大拉应力变化量达 58.876 MPa，减小了 51.836%；最大 Mises 应力变化量达 49.536 MPa，减小了 46.629%；说明橡胶垫板老化在一定程度上可延长钢轨安全服役的使用年限。针对橡胶垫板老化这种病害，钢轨最大 Mises 应力为 374.841 MPa，最大拉应力为 113.582 MPa，均未超过安全限值。

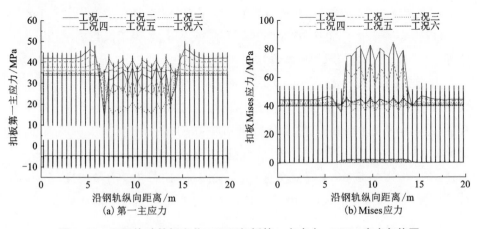

(a) 第一主应力　　　　　　　　　(b)Mises应力

图 5-28　不同橡胶垫板老化工况下扣板第一主应力、Mises 应力包络图

由图5-28和表5-7、表5-8可知，不同程度橡胶垫板老化病害对扣板的第一主应力和Mises应力变化趋势影响不大，且应力大小相近。其中，在橡胶垫板老化病害中，与标准工况相比，扣板拉应力峰值最大相差11.707 MPa，减少了23.418%；最大Mises应力峰值变化量达31.144 MPa，减少了36.755%；说明橡胶垫板对扣板安全服役有一定影响。针对橡胶垫板老化这种病害，扣板最大Mises应力为84.734 MPa，最大拉应力为49.991 MPa，均未超过安全限值。

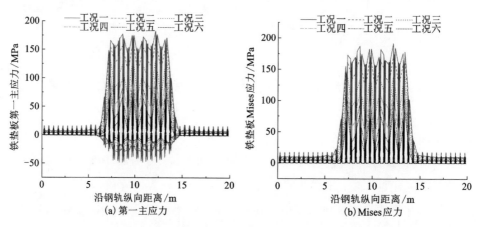

图5-29　不同橡胶垫板老化工况下铁垫板第一主应力、Mises应力包络图

由图5-29和表5-7、表5-8可知，不同程度橡胶垫板老化病害对铁垫板的第一主应力和Mises应力变化趋势影响不大。橡胶垫板老化越严重，铁垫板拉应力峰值和Mises应力峰值呈减少趋势。其中，在橡胶垫板弹性模量为200 MPa时，与标准工况相比，铁垫板拉应力峰值减少了108.281 MPa，降低了59.148%；Mises应力峰值减少了105.797 MPa，降低了55.256%；说明橡胶垫板老化在一定程度上可以适当延长铁垫板安全服役年限。

由图5-30和表5-7、表5-8可知，不同程度橡胶垫板老化病害对橡胶垫板的第一主应力和Mises应力变化趋势影响不大。橡胶垫板老化越严重，橡胶垫板的拉应力峰值和Mises应力峰值呈增大趋势。在橡胶垫板弹性模量为200 MPa时，与标准工况相比，橡胶垫板拉应力峰值增加了0.352 MPa，升高了3.171倍；橡胶垫板Mises应力峰值增加了2.371 MPa，升高了2.039倍；说明橡胶垫板老化对橡胶垫板影响较大，且在橡胶垫板老化过程中的疲劳寿命减少速率较快。

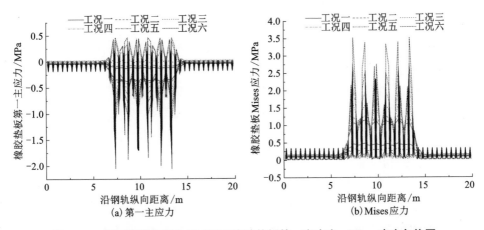

图 5-30　不同橡胶垫板老化工况下橡胶垫板第一主应力、Mises 应力包络图

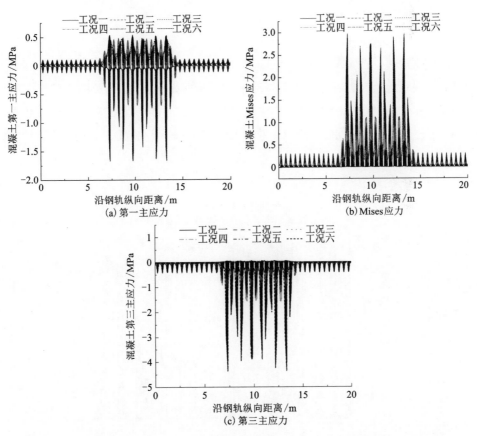

图 5-31　不同橡胶垫板老化工况下混凝土第一主应力、Mises 应力包络图、第三主应力

由图 5-31 和表 5-7、表 5-8 可知，不同程度橡胶垫板老化对混凝土的第一主应力和 Mises 应力变化趋势影响不大。橡胶垫板老化越严重，混凝土 Mises 应力和压应力峰值呈增大趋势。其中，当橡胶垫板弹性模型为 200 MPa 时，与标准工况相比，混凝土拉应力峰值增加了 0.036 MPa，升高了 7.115%；Mises 应力峰值增加了 1.766 MPa，升高了 1.456 倍；压应力峰值增加了 2.669 MPa，升高了 1.563 倍；说明橡胶垫板老化病害一定程度上可降低混凝土的安全服役年限。

将表 5-7、表 5-8 最大拉应力、Mises 应力依据工况及结构类型的变化绘制成柱状图，如图 5-32 所示。在橡胶垫板老化病害下，铁垫板拉应力峰值最大，随着橡胶垫板老化程度增加而减小；Mises 应力峰值最大的构件是钢轨轨头，随着橡胶垫板老化程度增加而减小。考虑不同材料类型及结构破坏限值，在橡胶垫板老化病害下，钢轨轨头、钢轨轨底、钢轨轨腰屈服的安全系数分别为 1.307、4.543、4.612，抗拉的安全系数分别为 14.876、18.406、7.748；扣板、铁垫板屈服的安全系数分别为 2.360、1.045，抗拉的安全系数分别为 7.001、1.912；混凝土抗拉的安全系数为 3.708，抗压的安全系数为 4.592。橡胶垫板老化对钢轨、扣板、铁垫板等结构来说是偏安全的，但是对混凝土、橡胶垫板来说是危害较大的。同时，橡胶老化会加剧垫板破坏，造成铁垫板脱空，严重危害走行轨系统安全生产。

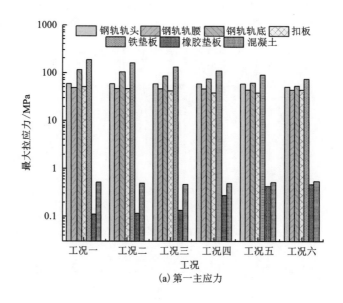

(a) 第一主应力

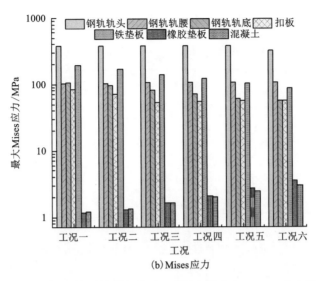

（b）Mises 应力

图 5-32　不同橡胶垫板老化工况下最大拉应力、Mises 应力图

5.4　走行轨系统结构参数优化研究

　　研究合理的门式起重机走行轨系统结构参数是十分有必要的，可为结构设计及现场维修提供理论参考。本节从垫板（铁垫板和橡胶垫板合称垫板）长度、垫板宽度、铁垫板厚度、橡胶垫板厚度四个方面进行参数化研究。

5.4.1　垫板长度对走行轨系统安全服役的影响

　　考虑现场实际应用及设计的合理性，设置垫板长度为 350 mm（工况一）、370 mm（工况二）、390 mm（工况三）、410 mm（工况四）、430 mm（工况五）五种工况，其中工况二为标准工况，各工况垫板几何参数设置见表 5-9。模型采用 3.1 节中所建立的 20 m 有限元模型，起重机荷载选用第 4 章结构力学特性中最不利工况（4.3.1 节的工况五）进行加载。钢轨轨头、钢轨轨腰、钢轨轨底、扣板、铁垫板、橡胶垫板、混凝土等门式起重机走行轨系统结构的第一主应力和

Mises 应力分布分别如图 5-33~图 5-39 所示，混凝土(承轨梁)第三主应力如图 5-39(c)所示，各结构拉应力和 Mises 应力最大值见表 5-10 和表 5-11。

表 5-9 不同垫板长度工况下垫板几何参数　　　　　　单位：mm

模型加载工况	垫板长度	垫板宽度	铁垫板厚度	橡胶垫板厚度
工况一	350	200	10	10
工况二	370	200	10	10
工况三	390	200	10	10
工况四	410	200	10	10
工况五	430	200	10	10

表 5-10 不同垫板长度工况下各结构拉应力最大值　　　　　　单位：MPa

结构类型	工况一	工况二	工况三	工况四	工况五
钢轨轨头	58.966	58.967	58.967	58.968	51.664
钢轨轨腰	47.712	47.810	47.880	47.916	48.066
钢轨轨底	113.245	113.582	113.864	114.069	114.183
扣板	55.968	49.991	44.359	47.515	49.227
铁垫板	171.836	183.068	191.568	197.700	201.548
橡胶垫板	0.115	0.111	0.109	0.107	0.107
混凝土	0.852	0.506	0.339	0.340	0.340

表 5-11 不同垫板长度工况下各结构 Mises 应力最大值　　　　　　单位：MPa

结构类型	工况一	工况二	工况三	工况四	工况五
钢轨轨头	372.114	372.141	372.156	372.164	317.560
钢轨轨腰	102.324	102.404	102.456	102.488	103.907
钢轨轨底	106.163	106.235	106.319	106.389	107.092
扣板	73.754	84.734	93.211	101.767	106.234
铁垫板	180.158	191.467	199.920	205.861	209.193
橡胶垫板	1.182	1.163	1.152	1.146	1.144
混凝土	1.491	1.213	1.213	1.205	1.202

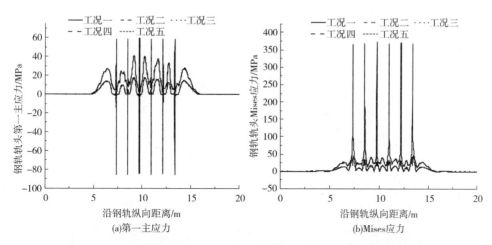

图 5-33　不同垫板长度工况下钢轨轨头第一主应力、Mises 应力包络图

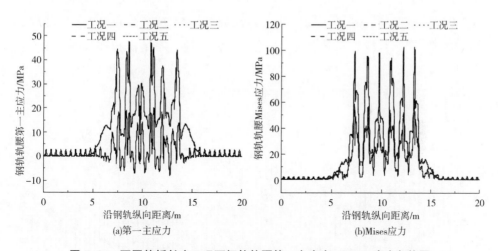

图 5-34　不同垫板长度工况下钢轨轨腰第一主应力、Mises 应力包络图

　　由图 5-33~图 5-35 和表 5-10、表 5-11 可知，不同垫板长度工况下钢轨轨头、钢轨轨腰、钢轨轨底的第一主应力和 Mises 应力变化趋势相似，随着垫板长度的加长，钢轨轨头、钢轨轨腰、钢轨轨底最大拉应力和 Mises 应力幅值变化不大。其中，不同工况下，钢轨轨头、钢轨轨腰、钢轨轨底拉应力峰值最大相差值分别为 7.304 MPa、0.354 MPa、0.938 MPa，占比约为 12.386%、0.737%、

123

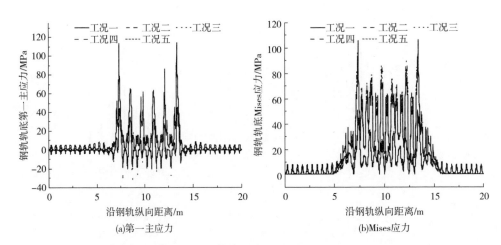

图 5-35 不同垫板长度工况下钢轨轨底第一主应力、Mises 应力包络图

0.822%；钢轨轨头、钢轨轨腰、钢轨轨底 Mises 应力峰值最大相差值分别为
54.604 MPa、1.583 MPa、0.929 MPa，占比分别为 14.672%、1.523%、0.867%；
由此可知，垫板长度加长对钢轨应力存在一定影响。本节垫板加长的工况中，
钢轨最大 Mises 应力为 372.164 MPa，最大拉应力为 114.183 MPa，均未超过安
全限值，故从钢轨破坏的角度来看，各垫板长度参数均可选择。

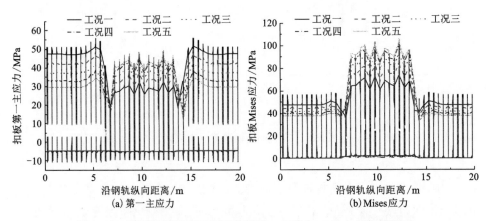

图 5-36 不同垫板长度工况下扣板第一主应力、Mises 应力包络图

由图 5-36 和表 5-10、表 5-11 可知，不同垫板长度工况下扣板的第一主应
力和 Mises 应力变化趋势相近；随着垫板长度的加长，扣板 Mises 应力呈增大趋

势。其中，不同工况下，扣板的拉应力峰值最大相差值为 11.609 MPa，占比约为 20.742%；垫板长度加长 60 mm 时，与标准工况相比，扣板 Mises 应力增加了 32.48 MPa，增加了约 30.574%，说明垫板加长在一定程度上降低了扣板安全服役年限。

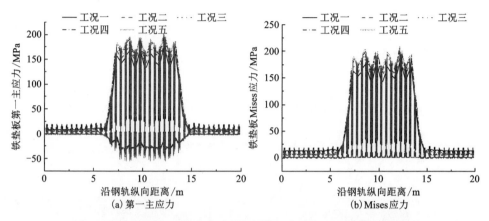

图 5-37　不同垫板长度工况下铁垫板第一主应力、Mises 应力包络图

由图 5-37 和表 5-10、表 5-11 可知，不同垫板长度工况下铁垫板的第一主应力和 Mises 应力变化趋势相近，但应力大小存在一定差异。随着垫板长度的加长，铁垫板拉应力峰值和 Mises 应力峰值呈增大趋势。其中，垫板长度加长 60 mm 时，与标准工况相比，铁垫板最大拉应力、Mises 应力分别增加了 18.48 MPa、17.726 MPa，增加了 10.094%、9.257%；说明垫板加长在一定程度上降低了铁垫板安全服役年限。在本节垫板加长的工况中，当垫板长度为 390 mm 时，铁垫板已接近屈服；当垫板长度为 410 mm 时，铁垫板 Mises 应力超过屈服强度，已经屈服；但均未被拉坏，存在一定的安全隐患，故从铁垫板破坏和安全生产的角度来看，垫板长度应选择 350~390 mm 为宜。

由图 5-38 和表 5-10、表 5-11 可知，不同垫板长度工况下橡胶垫板的第一主应力和 Mises 应力变化趋势相近，但应力大小存在一定差异。随着垫板长度的加长，橡胶垫板最大拉应力和 Mises 应力呈减小趋势。其中，垫板长度加长 60 mm 时，与标准工况相比，橡胶垫板最大拉应力、Mises 应力分别减少了 0.004 MPa、0.019 MPa，减少了 3.603%、1.633%；说明垫板加长在一定程度上可延长橡胶垫板安全服役年限。在本节垫板加长的工况中，橡胶垫板最大

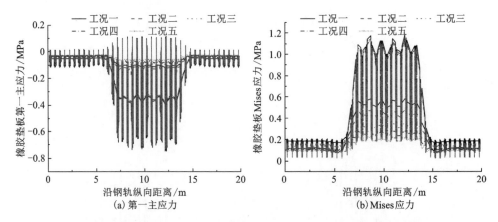

图 5-38　不同垫板长度工况下橡胶垫板第一主应力、Mises 应力包络图

Mises 应力为 1.182 MPa，最大拉应力为 0.115 MPa，未超过安全限值，故从橡胶垫板破坏的角度来看，各垫板长度参数均可选择。

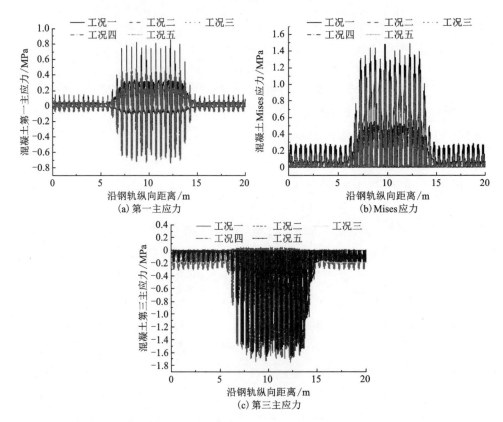

图 5-39　不同垫板长度工况下混凝土第一主应力、第三主应力、Mises 应力包络图

126

由图 5-39 和表 5-10、表 5-11 可知，不同垫板长度工况下混凝土的第一主应力和 Mises 应力变化趋势相近，但应力大小存在一定差异。随着垫板长度的加长，混凝土最大拉应力、压应力和 Mises 应力呈减小趋势。其中，垫板长度加长 60 mm 时，与标准工况相比，混凝土最大拉应力、Mises 应力分别减少了 0.166 MPa、0.011 MPa、0.036 MPa，减少了 32.806%、0.907%、2.108%；说明垫板加长在一定程度上可延长混凝土安全服役年限。在本节垫板加长的工况中，混凝土最大 Mises 应力为 1.491 MPa，最大拉应力为 0.852 MPa，最大压应力为 1.747 MPa，未超过安全限值，故从混凝土破坏的角度来看，各垫板长度参数均可选择。

将表 5-10、表 5-11 最大拉应力、Mises 应力依据工况及结构类型的变化绘制成柱状图，如图 5-40 所示。在垫板加长工况下，铁垫板拉应力峰值最大，随垫板长度加长量的增加而增大；Mises 应力峰值最大的构件是钢轨轨头，但随着垫板长度加长量的增加，钢轨轨头 Mises 应力峰值改变量不多。考虑不同材料类型及结构破坏限值，在垫板加长工况下，钢轨轨头、钢轨轨底、钢轨轨腰屈服的安全系数分别为 1.317、4.716、4.576，抗拉的安全系数分别为 14.923、18.308、7.707；扣板、铁垫板屈服的安全系数分别为 1.883、0.956，抗拉的安全系数分别为 6.254、1.737；混凝土抗拉的安全系数为 2.359，抗压的安全系数为 11.505。由于在垫板长度为 410 mm 时，铁垫板发生屈服现象，从安全生产的角度考虑，垫板长度应选择 350~390 mm 为宜。

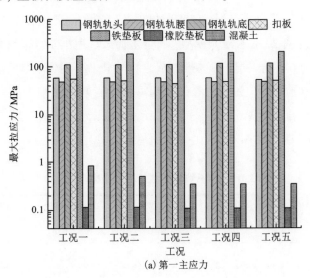

(a) 第一主应力

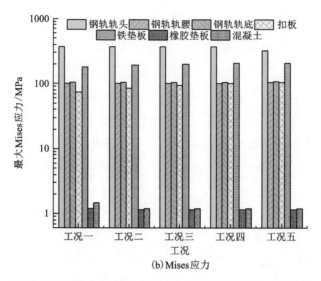

(b) Mises 应力

图 5-40　不同垫板长度工况下最大拉应力、Mises 应力图

5.4.2　垫板宽度对走行轨系统安全服役的影响

考虑现场实际应用及设计的合理性,设置垫板宽度为 160 mm(工况一)、180 mm(工况二)、200 mm(工况三)、220 mm(工况四)、240 mm(工况五)五种工况,其中工况三为标准工况,各工况垫板几何参数设置见表 5-12。模型采用 3.1 节中所建立的 20 m 有限元模型,起重机荷载选用第 4 章结构力学特性中最不利工况(4.3.1 节的工况五)进行加载。钢轨轨头、钢轨轨腰、钢轨轨底、扣板、铁垫板、橡胶垫板、混凝土等门式起重机走行轨系统结构的第一主应力和 Mises 应力分布分别如图 5-41~图 5-47 所示,混凝土第三主应力如图 5-47(c) 所示,各结构拉应力和 Mises 应力最大值见表 5-13 和表 5-14。

表 5-12　不同垫板宽度工况下垫板几何参数　　　　单位: mm

模型加载工况	垫板长度	垫板宽度	铁垫板厚度	橡胶垫板厚度
工况一	370	160	10	10
工况二	370	180	10	10

续表5-12

模型加载工况	垫板长度	垫板宽度	铁垫板厚度	橡胶垫板厚度
工况三	370	200	10	10
工况四	370	220	10	10
工况五	370	240	10	10

表 5-13　不同垫板宽度工况下各结构拉应力最大值　　单位：MPa

结构类型	工况一	工况二	工况三	工况四	工况五
钢轨轨头	58.992	58.985	58.967	58.941	58.910
钢轨轨腰	49.798	48.802	47.810	46.482	45.056
钢轨轨底	113.370	113.713	113.582	112.895	111.642
扣板	52.428	50.974	49.991	49.219	48.618
铁垫板	219.714	199.088	183.068	170.897	161.207
橡胶垫板	0.138	0.123	0.111	0.101	0.094
混凝土	0.559	0.531	0.506	0.483	0.462

表 5-14　不同垫板宽度工况下各结构 Mises 应力最大值　　单位：MPa

结构类型	工况一	工况二	工况三	工况四	工况五
钢轨轨头	372.314	372.254	372.141	372.002	371.835
钢轨轨腰	103.549	102.184	102.404	102.635	102.579
钢轨轨底	105.551	106.054	106.235	105.847	104.907
扣板	95.976	90.060	84.734	80.020	75.565
铁垫板	230.175	208.218	191.467	178.597	168.130
橡胶垫板	1.439	1.285	1.163	1.062	0.978
混凝土	1.471	1.323	1.213	1.117	1.035

由图 5-41~图 5-43 和表 5-13、表 5-14 可知，不同垫板宽度工况下钢轨轨头、轨腰、轨底的第一主应力和 Mises 应力变化趋势及大小相近。随着垫板宽度的加宽钢轨轨头、钢轨轨腰、钢轨轨底最大拉应力和 Mises 应力总体上呈减小趋势，但幅值变化不大。其中，垫板宽度加宽 40 mm 时，与标准工况相比，

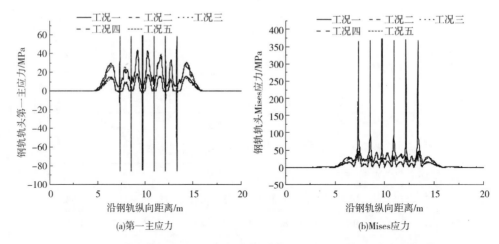

图 5-41　不同垫板宽度工况下钢轨轨头第一主应力、Mises 应力包络图

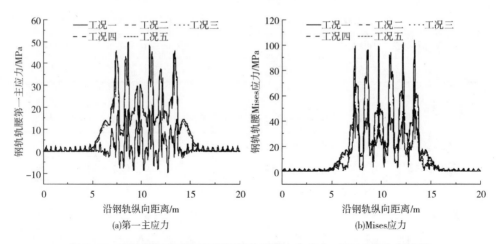

图 5-42　不同垫板宽度工况下钢轨轨腰第一主应力、Mises 应力包络图

钢轨轨头、钢轨轨腰、钢轨轨底拉应力峰值分别减少了 0.057 MPa、2.754 MPa、1.940 MPa，降低了 0.097%、5.760%、1.708%；钢轨轨头、钢轨轨底 Mises 应力峰值分别减少了 0.306 MPa、1.328 MPa，降低了 0.082%、1.250%；钢轨轨腰增加了 0.175 MPa，升高了 0.171%；说明垫板加宽在一定程度上可延长钢轨安全服役年限。本节垫板加宽的工况中，钢轨最大 Mises 应力为 372.314 MPa，最大拉应力为 113.713 MPa，均未超过安全限值，故从钢轨破坏的角度来看，各垫板宽度参数均可选择。

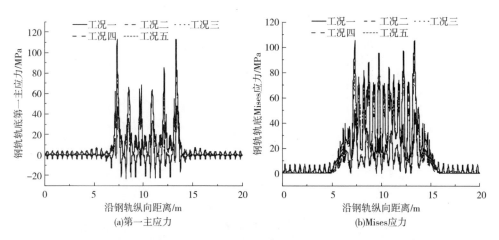

图 5-43　不同垫板宽度工况下钢轨轨底第一主应力、Mises 应力包络图

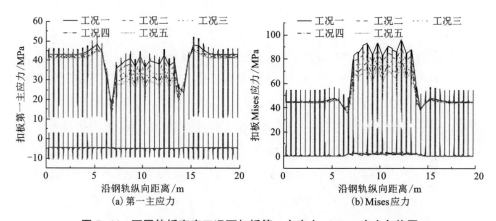

图 5-44　不同垫板宽度工况下扣板第一主应力、Mises 应力包络图

由图 5-44 和表 5-13、表 5-14 可知，不同垫板宽度工况下扣板的第一主应力和 Mises 应力变化趋势及大小相近。随着垫板宽度的加宽，扣板最大拉应力和 Mises 应力呈减小趋势，但幅值变化不大。其中，垫板宽度加宽 40 mm 时，与标准工况相比，扣板拉应力峰值、Mises 应力峰值分别减少了 1.373 MPa、9.169 MPa，减少了 2.746%、10.821%；说明垫板加宽在一定程度上可延长扣板安全服役年限。在本节垫板加宽的工况中，扣板最大 Mises 应力为 95.976 MPa，最大拉应力为 52.428 MPa，均未超过安全限值，故从扣板破坏的角度来看，各垫板宽度参数均可选择。

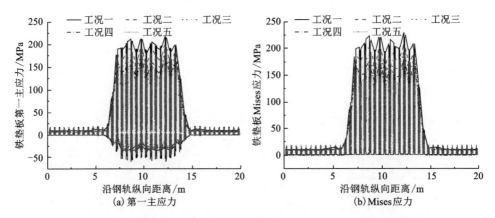

图 5-45　不同垫板宽度工况下铁垫板第一主应力、Mises 应力包络图

由图 5-45 和表 5-13、表 5-14 可知，不同垫板宽度工况下铁垫板的第一主应力和 Mises 应力变化趋势相近，但应力大小存在一定差异。随着垫板宽度的加宽，铁垫板最大拉应力和 Mises 应力呈减小趋势。其中，垫板宽度加宽 40 mm 时，与标准工况相比，铁垫板拉应力峰值、Mises 应力峰值分别减少了 21.861 MPa、23.337 MPa，降低了 11.941%、12.189%；说明垫板加宽在一定程度上可延长铁垫板安全服役年限。在本节垫板加宽的工况中，当垫板宽度为 200 mm 时，铁垫板已接近屈服；当垫板宽度为 180 mm 时，铁垫板 Mises 应力超过屈服强度，已经屈服；但均未被拉坏，存在一定的安全隐患，故从铁垫板破坏和安全生产的角度垫板宽度应选择 200 mm 及以上尺寸。

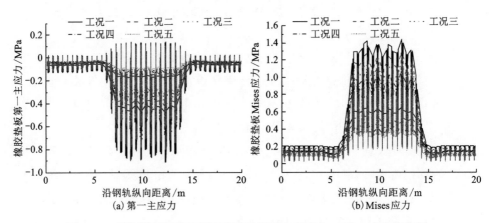

图 5-46　不同垫板宽度工况下橡胶垫板第一主应力、Mises 应力包络图

由图 5-46 和表 5-13、表 5-14 可知，不同垫板宽度工况下橡胶垫板的第一主应力和 Mises 应力变化趋势相近，但应力大小存在一定差异。随着垫板宽度的加宽，橡胶垫板最大拉应力和 Mises 应力呈减小趋势。其中，垫板宽度加宽 40 mm 时，与标准工况相比，橡胶垫板拉应力峰值、Mises 应力峰值分别减少了 0.017 MPa、0.185 MPa，降低了 15.315%、15.907%；说明垫板加宽在一定程度上可延长橡胶垫板安全服役年限。在本节垫板加宽的工况中，橡胶垫板最大 Mises 应力为 1.439 MPa，最大拉应力为 0.138 MPa，未超过安全限值，故从橡胶垫板破坏的角度来看，各垫板宽度参数均可选择。

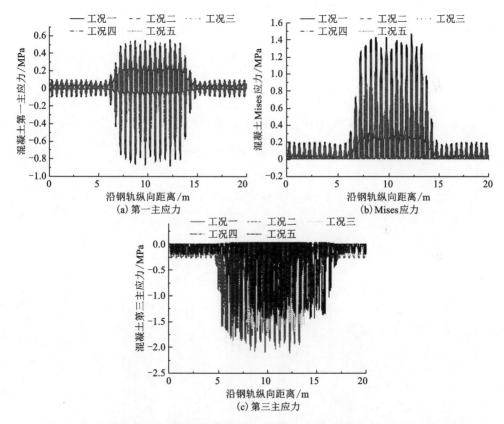

图 5-47　不同垫板宽度工况下混凝土第一主应力、Mises 应力、第三主应力包络图

由图 5-47 和表 5-13、表 5-14 可知，不同垫板宽度工况下混凝土的第一主应力和 Mises 应力变化趋势相近，但应力大小存在一定差异。随着垫板宽度的加宽，混凝土最大拉应力、压应力和 Mises 应力呈减小趋势。其中，垫板宽度加宽 40 mm 时，与标准工况相比，混凝土拉应力峰值、Mises 应力峰值分别减少了 0.044 MPa、0.178 MPa、0.263 MPa，降低了 8.696%、14.674%、15.398%；说明垫板加宽在一定程度上可延长混凝土安全服役年限。在本节垫板加宽的工况中，混凝土最大 Mises 应力为 1.471 MPa，最大拉应力为 0.559 MPa，最大压应力为 2.105 MPa，未超过安全限值，故从混凝土破坏的角度来看，各垫板宽度参数均可选择。

将表 5-13、表 5-14 最大拉应力、Mises 应力依据工况及结构类型的变化绘制成柱状图，如图 5-48 所示。在垫板加宽工况下，铁垫板拉应力峰值最大，随着垫板加宽量的增加而减小；Mises 应力峰值最大的构件是钢轨轨头，随着垫板加宽量的增加，钢轨轨头 Mises 应力峰值改变量不多。考虑不同材料类型及结构破坏限值，在垫板加宽工况下，钢轨轨头、钢轨轨底、钢轨轨腰屈服的安全系数分别为 1.316、4.732、4.612，抗拉的安全系数分别为 14.917、17.671、7.739；扣板、铁垫板屈服的安全系数分别为 2.084、0.869，抗拉的安全系数分别为 6.676、1.593；混凝土抗拉的安全系数为 3.596，抗压的安全系数为 9.549。从图 5-48 中可以看出，随着垫板加宽，走行轨系统各构件应力基本呈降低趋势，故垫板加宽是一个极为有效的延长走行轨系统安全服役年限的方式。由于在垫板宽度为 180 mm 时，铁垫板发生屈服现象，故从安全生产的角度考虑，垫板宽度应选择 200 mm 及以上的尺寸。

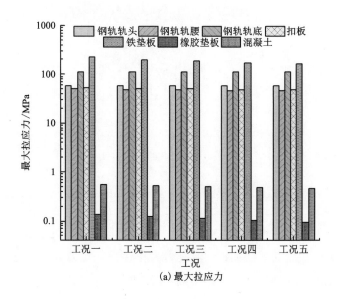

(a) 最大拉应力

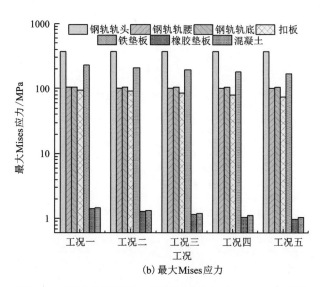

（b）最大Mises应力

图 5-48　不同垫板宽度工况下最大拉应力、Mises 应力图

5.4.3　铁垫板厚度对走行轨系统安全服役的影响

考虑现场实际应用及设计的合理性，设置铁垫板厚度为 10 mm（工况一）、20 mm（工况二）、30 mm（工况三）、40 mm（工况四）、50 mm（工况五）五种工况，其中工况一为标准工况，各工况垫板几何参数设置见表 5-15。模型采用 3.1 节中所建立的 20 m 有限元模型，起重机荷载选用第 4 章结构力学特性中最不利工况（4.3.1 节的工况五）进行加载。钢轨轨头、钢轨轨腰、钢轨轨底、扣板、铁垫板、橡胶垫板、混凝土等门式起重机走行轨系统结构的第一主应力和 Mises 应力分布分别如图 5-49~图 5-55 所示，混凝土第三主应力如图 5-55（c）所示，各结构拉应力和 Mises 应力最大值见表 5-16 和表 5-17。

表 5-15　不同铁垫板厚度工况下垫板几何参数　　　　　　单位：mm

模型加载工况	垫板长度	垫板宽度	铁垫板厚度	橡胶垫板厚度
工况一	370	200	10	10
工况二	370	200	20	10

续表5-15

模型加载工况	垫板长度	垫板宽度	铁垫板厚度	橡胶垫板厚度
工况三	370	200	30	10
工况四	370	200	40	10
工况五	370	200	50	10

表 5-16　不同铁垫板厚度工况下各结构拉应力最大值　　单位：MPa

结构类型	工况一	工况二	工况三	工况四	工况五
钢轨轨头	58.967	56.610	59.802	59.852	59.311
钢轨轨腰	47.810	47.562	46.546	45.674	44.988
钢轨轨底	113.582	107.566	106.051	105.189	104.725
扣板	49.991	40.808	36.790	35.168	34.438
铁垫板	183.068	69.087	34.649	26.210	22.005
橡胶垫板	0.111	0.108	0.107	0.107	0.107
混凝土	0.506	0.553	0.562	0.565	0.565

表 5-17　不同铁垫板厚度工况下各结构 Mises 最大值　　单位：MPa

结构类型	工况一	工况二	工况三	工况四	工况五
钢轨轨头	372.141	359.346	373.220	373.352	373.454
钢轨轨腰	102.404	104.876	106.673	106.915	106.426
钢轨轨底	106.235	102.628	102.161	101.941	101.607
扣板	84.734	52.451	50.956	50.349	50.084
铁垫板	191.467	79.328	42.231	27.446	23.369
橡胶垫板	1.163	1.037	1.017	1.032	1.045
混凝土	1.213	1.076	1.042	1.035	1.044

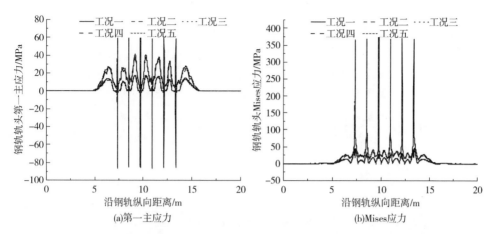

图 5-49　不同铁垫板厚度工况下钢轨轨头第一主应力、Mises 应力包络图

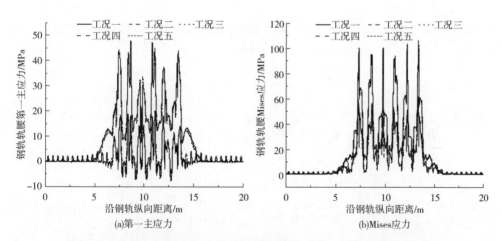

图 5-50　不同铁垫板厚度工况下钢轨轨腰第一主应力、Mises 应力包络图

　　由图 5-49~图 5-51 和表 5-16、表 5-17 可知，不同铁垫板厚度工况下钢轨轨头、轨腰、轨底的第一主应力和 Mises 应力变化趋势及大小相近，随着铁垫板厚度加大，钢轨轨头、钢轨轨腰、钢轨轨底幅值变化不大。其中，不同工况下，钢轨轨头、钢轨轨腰、钢轨轨底拉应力峰值最大相差值分别为 3.242 MPa、2.822 MPa、8.857 MPa，占比约为 5.417%、5.903%、7.798%；钢轨轨头、钢轨轨腰、钢轨轨底 Mises 应力峰值最大相差值分别为 14.108 MPa、4.511 MPa、

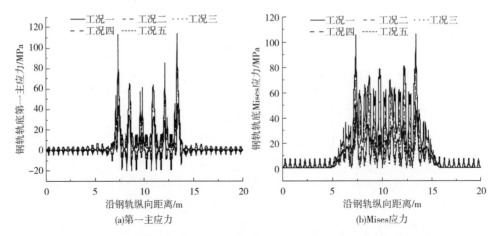

(a)第一主应力　　　　　　　　　(b)Mises应力

图5-51　不同铁垫板厚度工况下钢轨轨底第一主应力、Mises应力包络图

4.628 MPa，占比约为3.778%、4.219%、4.356%；由此可得，铁垫板加厚对钢轨安全服役影响较小。本节铁垫板加厚的工况中，钢轨最大 Mises 应力为373.454 MPa，最大拉应力为113.582 MPa，均未超过安全限值，故从钢轨破坏的角度来看，各铁垫板厚度参数均可选择。

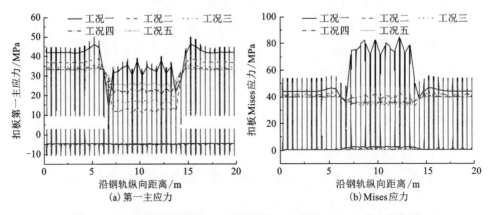

(a) 第一主应力　　　　　　　　　(b)Mises应力

图5-52　不同铁垫板厚度工况下扣板第一主应力、Mises应力包络图

由图5-52和表5-16、表5-17可知，不同铁垫板厚度工况下扣板的第一主应力和 Mises 应力变化趋势相近，但应力大小存在一定差异。随着铁垫板的加厚，扣板最大拉应力和 Mises 应力呈减小趋势。其中，铁垫板加厚至40 mm时，与标准工况相比，扣板拉应力峰值、Mises 应力峰值分别减少了15.553 MPa、

34.65 MPa，降低了 31.112%、40.893%；说明铁垫板加厚在一定程度上可延长扣板安全服役年限。在本节铁垫板加厚的工况中，扣板最大 Mises 应力为 84.734 MPa，最大拉应力为 49.991 MPa，均未超过安全限值，故从扣板破坏的角度来看，各铁垫板厚度参数均可选择。

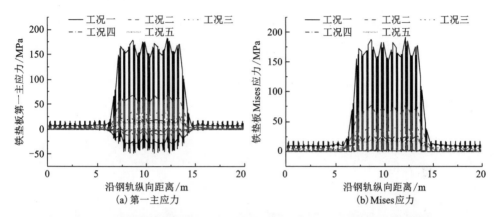

图 5-53　不同铁垫板厚度工况下铁垫板第一主应力、Mises 应力包络图

由图 5-53 和表 5-16、表 5-17 可知，不同铁垫板厚度工况下铁垫板的第一主应力和 Mises 应力变化趋势相近，但应力大小存在一定差异。随着铁垫板的加厚，铁垫板最大拉应力和 Mises 应力呈减小趋势。其中，铁垫板加厚至 40 mm 时，与标准工况相比，铁垫板拉应力峰值、Mises 应力峰值分别减少了 161.063 MPa、168.098 MPa，降低了 87.980%、87.795%；说明铁垫板加厚在一定程度上可延长铁垫板安全服役年限。在本节铁垫板加厚的工况中，铁垫板最大 Mises 应力为 191.467 MPa，最大拉应力为 183.068 MPa，均未超过安全限值，故从扣板破坏的角度来看，各铁垫板厚度参数均可选择。铁垫板依次加厚至 20 mm、30 mm、40 mm、50 mm 时，铁垫板最大拉应力依次减少了 113.981 MPa、34.438 MPa、8.439 MPa、4.205 MPa，Mises 应力依次减少了 112.139 MPa、37.097 MPa、14.785 MPa、4.077 MPa；由此可得，从生产安全和节约成本的角度考虑，选择铁垫板厚度为 20 mm 或 30 mm 为宜。

由图 5-54 和表 5-16、表 5-17 可知，不同铁垫板厚度工况下橡胶垫板的第一主应力和 Mises 应力变化趋势相近，但应力大小存在一定差异。随着铁垫板厚度的增加，橡胶垫板拉应力峰值逐渐降低。其中，不同工况下，橡胶垫板的

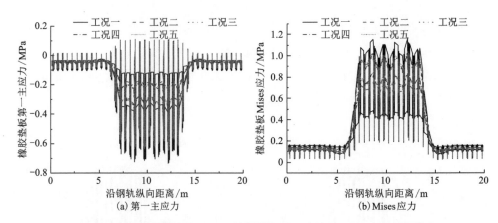

图 5-54 不同铁垫板厚度工况下橡胶垫板第一主应力、Mises 应力包络图

拉应力峰值最大相差值为 0.004 MPa，占比约为 3.604%；橡胶垫板 Mises 应力峰值最大相差值为 0.146 MPa，占比约为 12.554%，说明铁垫板加厚在一定程度上可延长橡胶垫板的安全服役年限。

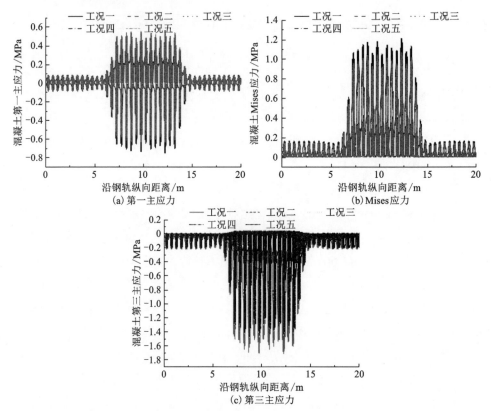

图 5-55 不同铁垫板厚度工况下混凝土第一主应力、Mises 应力、第三主应力包络图

由图 5-55 和表 5-16、表 5-17 可知，不同铁垫板厚度加厚工况下混凝土的第一主应力和 Mises 应力变化趋势相近，但应力大小存在一定差异。随着铁垫板的加厚，混凝土拉应力峰值呈增大趋势、压应力和 Mises 应力峰值总体上呈减小趋势。不同工况下，混凝土的拉应力峰值最大相差值为 0.059 MPa，占比约为 10.442%；混凝土 Mises 应力峰值最大相差值为 0.178 MPa，占比约为 14.674%；混凝土压应力峰值最大相差值为 0.240 MPa，占比约为 14.052%；说明铁垫板加厚对混凝土安全服役有一定影响。在本节铁垫板加厚的工况中，混凝土最大 Mises 应力为 1.213 MPa，最大拉应力为 0.565 MPa，最大压应力为 1.708 MPa，未超过安全限值，故从混凝土破坏的角度来看，各铁垫板厚度参数均可选择。

将表 5-16、表 5-17 最大拉应力、Mises 应力依据工况及结构类型的变化绘制成柱状图，如图 5-56 所示。在铁垫板加厚工况下，起初铁垫板拉应力峰值最大，随后铁垫板厚度的增加导致铁垫板拉应力峰值逐渐减小；Mises 应力峰值最大的构件是钢轨轨头，随着铁垫板的加厚，钢轨轨头最大 Mises 应力改变量不多。考虑不同材料类型及结构破坏限值，在铁垫板加厚工况下，钢轨轨头、钢轨轨底、钢轨轨腰屈服的安全系数分别为 1.312、4.583、4.612，抗拉的安全系数分别为 14.703、18.406、7.748；扣板、铁垫板屈服的安全系数分别为 2.360、1.045，抗拉的安全系数分别为 7.001、1.912；混凝土抗拉的安全系数为 3.558，抗压的安全系数为 11.768；所有结构均未超过安全限值，故从走行轨系统结构破坏的角度来看，各铁垫板厚度参数均可选择。

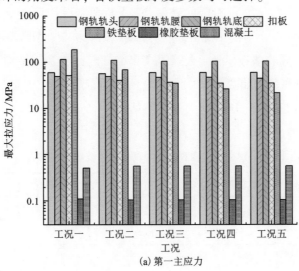

(a) 第一主应力

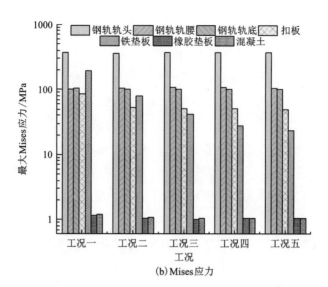

（b）Mises 应力

图 5-56　不同铁垫板厚度工况下最大拉应力、Mises 应力图

5.4.4　橡胶垫板厚度对走行轨系统安全服役的影响

考虑现场实际应用及设计的合理性，设置橡胶垫板厚度为 10 mm（工况一）、20 mm（工况二）、30 mm（工况三）、40 mm（工况四）、50 mm（工况五）五种工况，其中工况一为标准工况，各工况垫板几何参数设置见表 5-18。模型采用 3.1 节中所建立的 20 m 有限元模型，起重机荷载选用第 4 章结构力学特性中最不利工况（4.3.1 节的工况五）进行加载。钢轨轨头、钢轨轨腰、钢轨轨底、扣板、铁垫板、橡胶垫板、混凝土等门式起重机走行轨系统结构的第一主应力和 Mises 应力分布分别如图 5-57～图 5-63 所示，混凝土第三主应力如图 5-63（c）所示，各结构拉应力和 Mises 应力最大值见表 5-19 和表 5-20。

表 5-18　不同橡胶垫板厚度工况下垫板几何参数　　　　单位：mm

模型加载工况	垫板长度	垫板宽度	铁垫板厚度	橡胶垫板厚度
工况一	370	200	10	10
工况二	370	200	10	20

续表5-18

模型加载工况	垫板长度	垫板宽度	铁垫板厚度	橡胶垫板厚度
工况三	370	200	10	30
工况四	370	200	10	40
工况五	370	200	10	50

表 5-19　不同橡胶垫板厚度工况下各结构拉应力最大值　单位：MPa

结构类型	工况一	工况二	工况三	工况四	工况五
钢轨轨头	58.967	59.510	59.502	59.496	58.959
钢轨轨腰	47.810	50.149	54.318	57.663	60.408
钢轨轨底	113.582	128.143	137.898	145.336	151.247
扣板	49.991	53.456	55.134	55.958	56.363
铁垫板	183.068	202.418	209.088	212.642	214.796
橡胶垫板	0.111	0.060	-0.001	-0.004	0.002
混凝土	0.506	0.505	0.492	0.479	0.471

表 5-20　不同橡胶垫板厚度工况下各结构 Mises 应力最大值　单位：MPa

结构类型	工况一	工况二	工况三	工况四	工况五
钢轨轨头	372.141	372.064	372.113	372.086	372.071
钢轨轨腰	102.404	101.279	100.619	100.823	102.000
钢轨轨底	106.235	121.221	130.412	137.980	144.391
扣板	84.734	95.635	100.705	102.644	104.186
铁垫板	191.467	210.304	217.356	220.967	223.220
橡胶垫板	1.163	1.135	1.138	1.145	1.153
混凝土	1.213	1.109	1.104	1.136	1.179

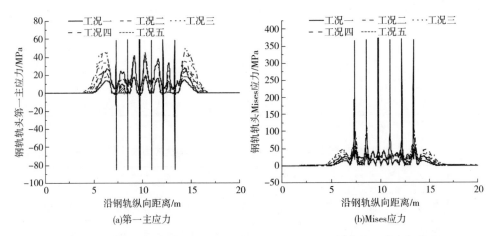

图 5-57　不同橡胶垫板厚度工况下钢轨轨头第一主应力、Mises 应力包络图

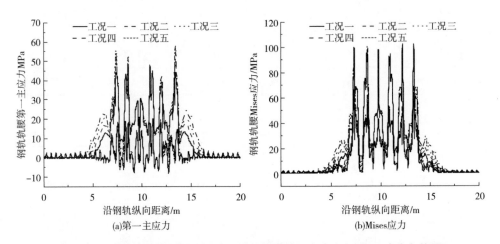

图 5-58　不同橡胶垫板厚度工况下钢轨轨腰第一主应力、Mises 应力包络图

　　由图 5-57~图 5-59 和表 5-19、表 5-20 可知，不同橡胶垫板厚度工况下钢轨轨头、钢轨轨腰、钢轨轨底的第一主应力和 Mises 应力变化趋势相似，随着橡胶垫板加厚，钢轨轨腰、钢轨轨底拉应力和钢轨轨底 Mises 应力峰值呈增大趋势，其余峰值都相差不大。当橡胶垫板厚度增加至 50 mm 时，与标准工况相比，钢轨轨腰、钢轨轨底拉应力峰值分别增加了 12.598 MPa、37.665 MPa，升高了 26.350%、33.161%；钢轨轨底 Mises 应力峰值增加了 38.156 MPa、升高

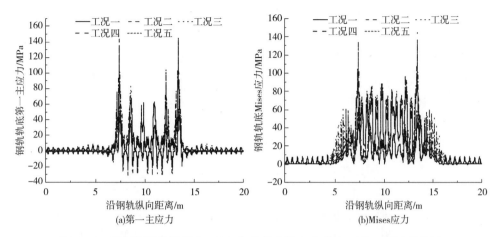

图 5-59　不同橡胶垫板厚度工况下钢轨轨底第一主应力、Mises 应力包络图

了 35.917%；由此可得，橡胶垫板加厚在一定程度上降低了钢轨的安全服役年限。在本节橡胶垫板加厚的工况中，钢轨最大 Mises 应力为 372.141 MPa，最大拉应力为 151.247 MPa，均未超过安全限值，故从钢轨破坏的角度来看，各橡胶垫板厚度参数均可选择。

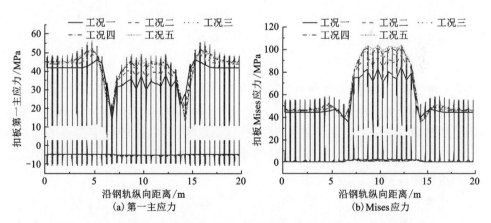

图 5-60　不同橡胶垫板厚度工况下扣板第一主应力、Mises 应力包络图

由图 5-60 和表 5-19、表 5-20 可知，不同橡胶垫板厚度工况下扣板的第一主应力和 Mises 应力变化趋势相近，但应力大小存在一定差异。随着橡胶垫板的加厚，扣板最大拉应力和 Mises 应力呈增大趋势。其中，橡胶垫板加厚至

50 mm 时，与标准工况相比，扣板拉应力峰值、Mises 应力峰值分别增加了 6.372 MPa、19.452 MPa，升高了 12.746%、22.957%；说明橡胶垫板加厚在一定程度上降低了扣板安全服役年限。在本节橡胶垫板加厚的工况中，扣板最大 Mises 应力为 104.186 MPa，最大拉应力为 56.363 MPa，均未超过安全限值，故从扣板破坏的角度来看，各橡胶垫板厚度参数均可选择。

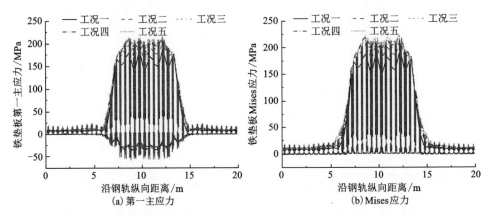

图 5-61　不同橡胶垫板厚度工况下铁垫板第一主应力、Mises 应力包络图

由图 5-61 和表 5-19、表 5-20 可知，不同橡胶垫板厚度工况下铁垫板的第一主应力和 Mises 应力变化趋势相近，但应力大小存在一定差异。随着橡胶垫板的加厚，铁垫板最大拉应力和 Mises 应力呈增大趋势。其中，橡胶垫板加厚至 50 mm 时，与标准工况相比，铁垫板拉应力、Mises 应力峰值分别增加了 31.728 MPa、31.753 MPa，升高了 17.331%、16.584%；说明橡胶垫板加厚会降低铁垫板安全服役年限。在本节橡胶垫板加厚的工况中，当橡胶垫板厚度为 20 mm 时，铁垫板已经屈服，存在安全隐患，故从铁垫板安全服役的角度来看，提高橡胶垫板厚度需谨慎考虑。

由图 5-62 和表 5-19、表 5-20 可知，不同橡胶垫板厚度工况下橡胶垫板的第一主应力和 Mises 应力变化趋势相近，但应力大小存在一定差异。随着橡胶垫板的加厚，橡胶垫板拉应力峰值总体上呈降低趋势。在橡胶垫板厚度增加至 50 mm 时，与标准工况相比，橡胶垫板的拉应力、Mises 应力峰值减少了 0.109 MPa、0.01 MPa，降低了 98.198%、0.860%；说明橡胶垫板加厚在一定程度上可延长橡胶垫板的安全服役年限。

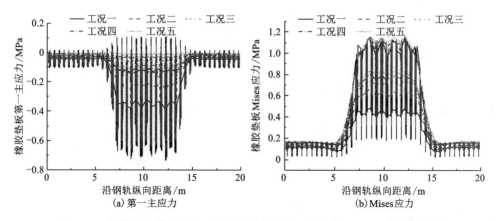

图 5-62　不同橡胶垫板厚度工况下橡胶垫板第一主应力、Mises 应力包络图

由图 5-63 和表 5-19、表 5-20 可知，不同橡胶垫板厚度加厚工况下混凝土的第一主应力和 Mises 应力变化趋势相近，但应力大小存在一定差异。随着橡胶垫板的加厚，混凝土拉应力峰值呈减小趋势、压应力和 Mises 应力峰值总体上呈减小趋势。不同工况下，混凝土的拉应力峰值最大相差值为 0.035 MPa，占比约为 6.917%；混凝土 Mises 应力峰值最大相差值为 0.109 MPa，占比约为 8.986%；混凝土压应力峰值最大相差值为 0.159 MPa，占比约为 9.309%；说明橡胶垫板加厚对混凝土安全服役有一定影响。在本节橡胶垫板加厚的工况中，混凝土最大 Mises 应力为 1.213 MPa，最大拉应力为 0.506 MPa，最大压应力为 1.708 MPa，未超过安全限值，故从混凝土破坏的角度来看，各橡胶垫板厚度参数均可选择。

将表 5-19、表 5-20 最大拉应力、Mises 应力依据工况及结构类型的变化绘制成柱状图，如图 5-64 所示。在橡胶垫板加厚工况下，铁垫板拉应力峰值最大，并随着橡胶垫板厚度的增加逐渐增加；Mises 应力峰值最大的构件是钢轨轨头，随着橡胶垫板加厚，钢轨轨头 Mises 应力峰值改变量不多。考虑不同材料类型及结构破坏限值，在橡胶垫板加厚工况下，钢轨轨头、钢轨轨底、钢轨轨腰屈服的安全系数分别为 1.317、4.785、3.394，抗拉的安全系数分别为 14.787、14.568、5.818；扣板、铁垫板屈服的安全系数分别为 1.920、0.896，抗拉的安全系数分别为 6.210、1.629；混凝土抗拉的安全系数为 3.972，抗压的安全系数为 11.768。由于铁垫板安全系数最低，且在橡胶垫板厚度为 20 mm 时已经屈服，从安全生产的角度来看，橡胶垫板厚度不宜增加。

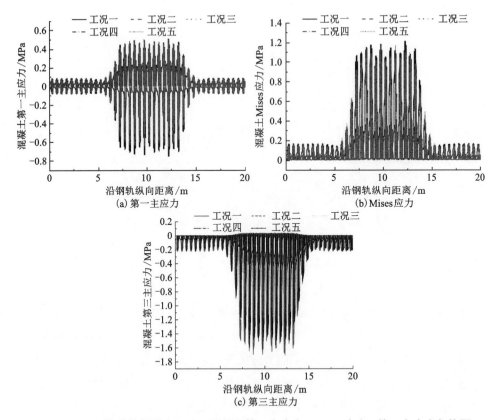

图 5-63　不同橡胶垫板厚度工况下混凝土第一主应力、Mises 应力、第三主应力包络图

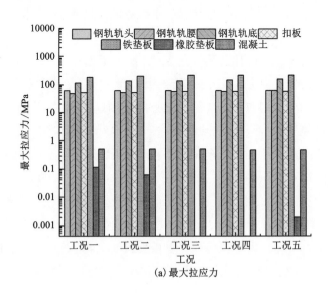

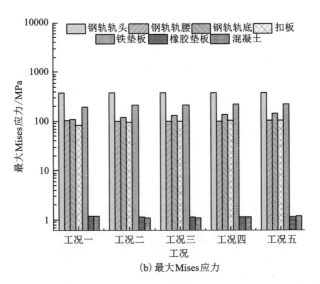

（b）最大Mises应力

图 5-64　不同橡胶垫板厚度工况下最大拉应力、Mises 应力图

5.5　本章小结

　　本章分析了在最不利加载工况作用下，不同程度的铁垫板脱空、铁垫板锈蚀变薄和橡胶垫板老化病害对门式起重机走行轨系统结构力学特性的影响，同时对门式起重机走行轨系统结构进行参数优化，主要结论如下：

　　①在铁垫板横向、纵向脱空时，铁垫板拉应力最大，且随着脱空率的增加而增大。当横向脱空率达到 15%时，铁垫板已经屈服，但未被拉坏，存在一定的安全隐患。在铁垫板纵向脱空率达到 16.577%时，铁垫板发生屈服；当纵向脱空率达到 40.541%时，铁垫板已被拉坏。在实际生产中，一旦发现铁垫板脱空病害，应及时诊治。在同等脱空率的情况下，纵向脱空较横向脱空危险性更高。

　　②铁垫板锈蚀变薄病害影响最大的结构为铁垫板，当铁垫板锈蚀变薄至9 mm 时，铁垫板达到屈服；当铁垫板锈蚀变薄至 5 mm 时，铁垫板被拉坏。在实际生产中发现铁垫板锈蚀变薄较严重的情况时，应及时更换铁垫板或进行其

他诊治处理。

③橡胶垫板老化病害对铁垫板、橡胶垫板、混凝土结构影响较大，橡胶垫板老化后，橡胶垫板弹性变差，铁垫板位移减小，导致应力在一定程度上的降低；橡胶垫板、混凝土应力呈增大趋势。橡胶垫板老化程度越高，橡胶垫板老化就越剧烈，故在发现橡胶垫板老化后，应及时更换橡胶垫板，防止因橡胶垫板破坏引起铁垫板脱空、混凝土压溃等其他病害，影响走行轨系统的安全服役。

④在走行轨系统结构参数优化设置的参数范围内，铁垫板的安全服役年限同垫板宽度、铁垫板厚度呈正相关；同垫板长度、橡胶垫板厚度呈负相关。垫板长度为 410 mm 时，铁垫板发生屈服，故长度建议设置为 350~390 mm；铁垫板宽度为 180 mm 时，铁垫板发生屈服，故宽度建议设置为 200 mm 及以上；随着铁垫板的加厚，铁垫板应力在加厚相同厚度下减小的幅度逐渐减小，从安全生产和节约成本的角度考虑，铁垫板厚度宜选择 20 mm 或 30 mm；橡胶垫板厚度为 20 mm 时，铁垫板发生屈服，故橡胶垫板厚度建议设置为 10 mm。

以上参数的研究均为单一变量的改变，在实际设计中均需综合考虑。

第6章 结论与展望

6.1 结论

本书基于国内外关于走行轨系统结构的研究现状，采用现场实测与数值分析相结合的方法，现场测试了某铁路物流基地走行轨系统的结构力学特性，建立了门式起重机走行轨系统结构空间精细化耦合模型，分析了不同型式门式起重机走行轨系统结构力学特性，探索了不同病害对走行轨系统结构力学特性的影响，最后针对走行轨系统结构进行了参数优化研究，主要研究结论如下。

1. 现场测试了门式起重机扣板式扣件走行轨系统结构，基于现场实测数据开展分析

①针对 TJMQ 40.5 t-30 m 铁路集装箱专用门式起重机，起重荷载为空载时，钢轨轨底左、右两侧纵向应变之和最大可达 383.826 $\mu\epsilon$，钢轨轨底与基础梁垂向相对位移最大可达 1.393 mm。

②在起重荷载为空载时，TJMQ 40.5 t-30 m 铁路集装箱专用门式起重机起重小车位于悬臂端时的偏载量约为小车位于正中间时的偏载量的 30%。

2. 建立了门式起重机走行轨系统结构空间精细化耦合模型

针对门式起重机走行轨系统结构的组成和特点，基于不同结构间的相互作用机制和有限元方法，充分考虑了钢轨、扣板、铁垫板、橡胶垫板、混凝土等走行轨系统结构；考虑了各结构的几何、结构参数及其相互作用关系；考虑了扣

件扣压力和门式起重机荷载两个载荷；运用 ANSYS 建立了门式起重机扣板式扣件走行轨系统结构空间耦合模型。

3. 编制了门式起重机走行轨系统结构力学特性计算程序

基于 C++高级编程技术和 ANSYS 参数化语言 APDL，实现了 ANSYS 的二次开发，编制了门式起重机走行轨系统结构力学特性计算程序，实现了参数设置、精细化的空间耦合模型建立，计算加载与计算结果输出的一体化，其中参数设置包括了走行轨系统结构的空间几何尺寸和力学参数，还包括了不同起重机荷载的施加。通过与现场实测数据对比，验证了本书有限元模型的准确性，以及走行轨系统结构力学特性计算程序的通用性和可靠性。

4. 研究了不同型式门式起重机下，不同起重荷载量、起重小车不同作用位置和不同起重机荷载作用位置对门式起重机走行轨系统结构力学特性影响规律

①TJMQ 40.5 t-30 m 铁路集装箱专用门式起重机荷载下，起重荷载为空载时，门式起重机小车位于悬臂端处的偏载量约为起重小车位于正中间处的偏载量的 30%，与实测结论相吻合；起重荷载满载时，偏载量约为 50%。50 t-30 mU 型门式起重机荷载下，起重荷载为空载时，门式起重机小车位于悬臂端处的偏载量约为起重小车位于正中间的偏载量处的 17%；起重荷载满载时，偏载量约为 40%。

②门式起重机走行轨系统结构中，从安全系数看，钢轨轨头、铁垫板较易引起屈服，同时铁垫板较易被拉坏；其他结构均偏安全。但由于钢轨抗拉强度较大，难以破坏，故铁垫板在设计时应着重考虑。

③不同起重荷载作用位置对各结构影响均较小，且变化规律不统一。从走行轨系统结构中薄弱部件(铁垫板)可以看出，TJMQ 40.5 t-30 m 铁路集装箱专用门式起重机起重荷载为满载状态、起重小车位于走行轨同一侧悬臂端且第三个走行轮位于扣件支承处时，为门式起重机走行轨安全服役最不利的加载工况。

5. 针对铁垫板脱空、铁垫板锈蚀变薄和橡胶垫板老化病害，对门式起重机走行轨系统进行了结构力学特性影响分析

①在铁垫板横向、纵向脱空时，铁垫板拉应力最大，且随着脱空率的增加而增大。当横向脱空率达到 15%时，铁垫板已经屈服，但未被拉坏，存在一定的安全隐患。在铁垫板纵向脱空率达到 16.577%时，铁垫板发生屈服；当纵向脱空率达到 40.541%时，铁垫板已被拉坏。在实际生产中，一旦发现铁垫板脱

空病害应及时诊治。在相同脱空率的情况下，纵向脱空较横向脱空更危险。

②铁垫板锈蚀变薄病害影响最大的结构为铁垫板，铁垫板锈蚀越严重，其应力幅值越大。当铁垫板锈蚀变薄至 9 mm 时，铁垫板达到屈服；当铁垫板锈蚀变薄至 5 mm 时，铁垫板被拉坏。由此可得，实际生产中发现铁垫板锈蚀变薄较严重的，应及时更换铁垫板或进行其他诊治处理。

③橡胶垫板老化病害对铁垫板、橡胶垫板、混凝土结构影响较大。橡胶垫板老化程度越高，橡胶垫板老化就越剧烈，故在发现橡胶垫板老化后，应及时更换橡胶垫板，防止老化程度剧烈，导致橡胶垫板破坏，引起铁垫板脱空、承轨梁压溃等其他病害，加速减少走行轨系统的安全服役年限。

6. 针对门式起重机走行轨系统结构、进行了垫板长度、垫板宽度、铁垫板厚度和橡胶垫板厚度的结构参数优化研究

①在本书设置的工况参数范围中，垫板长度越长，铁垫板应力幅值越大，橡胶垫板应力幅值越小。由于垫板长度为 410 mm 时，铁垫板发生屈服，故长度建议设置为 350~390 mm。

②垫板宽度越宽，铁垫板应力和橡胶垫板应力幅值越小。铁垫板宽度为 180 mm 时，铁垫板发生屈服，故宽度建议设置为 200 mm 及以上。

③铁垫板越厚，铁垫板应力和橡胶垫板应力幅值越小。随着铁垫板的加厚，铁垫板应力减小的幅度越来越小，从安全生产和节约成本的角度考虑，铁垫板厚度选择 20 mm 或 30 mm 为宜。

④橡胶垫板厚度越厚，铁垫板应力幅值越大。橡胶垫板厚度为 20 mm 时，铁垫板发生屈服，故橡胶垫板厚度宜设置在 10 mm。

6.2 展望

门式起重机走行轨系统安全服役问题是走行轨系统结构设计、现场安全生产和养护维修的研究重点，随着交通物流行业快速发展及走行轨系统结构形式多样化，门式起重机走行轨系统设计理论和及其关键技术体系的形成亟待完善。由于时间和精力有限，本书仅对门式起重机走行轨系统结构力学特性、部分病害影响和结构参数优化进行了研究，但仍存在以下问题，尚需做更深入的研究：

①各结构在研究时均假设为均质结构，与实际情况存在一定差异，在后续研究中可考虑非线性结构对门式起重机走行轨系统结构力学特性的影响。

②判断系统安全服役时，只是简单地考虑了材料的安全限值，未考虑现场生产中的疲劳累计效应及疲劳寿命，后续可针对疲劳寿命分析展开研究。

③本书在结构参数优化研究时，仅考虑单一变量对结构力学特性及安全服役的影响，后续可对结构参数设计综合考虑。

参考文献

[1] 徐志良.起重机轨道固定装置的合理选用[J].起重运输机械,2010(5):56-58.

[2] 吊车轨道联结及车挡(适用于混凝土结构)(GJBT-700)[S].北京:中国计划出版社,2017.

[3] 雷存茂,陶世杰.铁路货场门式起重机轨道系统研究[J].高速铁路技术,2017,8(2):10-13.

[4] 李磊.门式起重机走行轨新型固定装置的研制与应用[D].成都:西南交通大学,2020.

[5] 吴爱京.起重机轨道压板受力计算[J].起重运输机械,2007(11):14-17.

[6] 吴志煌,雷晓燕,张鹏飞,等.液压杆式自适应超高轨枕结构强度及影响因素分析[J].铁道科学与工程学报,2021,18(11):2883-2891.

[7] 张鹏飞,桂昊,雷晓燕,等.列车荷载下桥上CRTS Ⅲ型板式无砟轨道挠曲力与位移[J].交通运输工程学报,2018,18(6):61-72.

[8] 魏国前,刘峰.起重机轨道压板布置对压板受力状况的影响研究[J].现代制造工程,2009(08):130-134.

[9] 张树峰.无砟轨道扣件系统力学性能分析[D].成都:西南交通大学,2016.

[10] 罗曜波,伍曾,魏中臣,等.WJ-7型扣件在列车冲击下动力仿真分析[J].低温建筑技术,2016,38(9):61-63.

[11] 刘铁旭.高速铁路无砟轨道无挡肩扣件弹条疲劳与断裂研究[D].北京:北京交通大学,2018.

[12] 牟家锐,王福忠.轨道式集装箱龙门起重机小车轨道装配工艺技术改进研究[J].天津科技,2018,45(S1):84-86.

[13] 葛文豪.起重机轨道压板螺栓连接焊缝的动力学特性研究[D].武汉：武汉科技大学，2016.

[14] 曹峻铭，武继东，冯大志.岸桥小车轨道压板螺栓松动及开焊的原因分析[J].机械研究与应用，2011，24(4)：116-117.

[15] 饶刚，朱平.起重机增容后主小车轨道压板螺栓焊缝开裂研究[J].机电产品开发与创新，2008(2)：64-66.

[16] 卢学峰，冀僧力.龙门吊轨道压板螺母松动的原因分析[J].建筑工人，2003(11)：36-37.

[17] 沈力来.桥式起重机路轨压板脱落的根治[J].设备管理 & 维修，2000(8)：36.

[18] 贤慧.Ⅱ型弹条扣件紧固螺栓新型防松机构技术研究[J].科技与创新，2014(7)：16-17.

[19] 杜志辉.轨道接头型式的改进[J].港口装卸，2003(4)：41-42.

[20] 王峰.地铁车站扩大端门式起重机走行轨基础梁施工[J].建筑技术开发，2022，49(14)：25-27.

[21] 李铭.一种桥式起重机基础受力分析技术在工程实践中的应用与研究[J].西部探矿工程，2022，34(5)：131-134+140.

[22] 张鹏飞，朱勇，雷晓燕，等.锯齿互锁式沉降自动补偿钢枕结构强度分析[J].铁道科学与工程学报[J]，2019，16(2)：326-331.

[23] 张鹏飞，朱勇，雷晓燕.锯齿互锁式沉降自动补偿钢枕强度影响因素分析[J].铁道科学与工程学报，2019，16(8)：1905-1912.

[24] 张鹏飞，朱勇，雷晓燕.新型钢枕轨道结构受力特性影响因素分析[J].铁道标准设计，2019，63(9)：1-5.

[25] 朱勇，张鹏飞.新型钢枕轨道结构受力特性研究[J].铁道科学与工程学报，2020，17(4)：866-874.

[26] 邢俊，蔡敦锦，田春香，等.基于Ⅲ型弹条的新型地铁扣件设计研究[J].铁道建筑，2015(10)：151-155.

[27] 程保青，杨其振，刘道通.城轨交通新型轨道扣件研究与设计[J].铁道工程学报，2012，29(4)：90-94.

[28] 赵芳芳.轨道扣件强度分析及优化设计[D].大连：大连交通大学，2019.

[29] 尚红霞.地铁扣件系统静动力分析研究[D].成都：西南交通大学，2014.

[30] 王开云，蔡成标，朱胜阳.铁路钢轨扣件系统垂向动力模型及振动特性[J].工程力学，2013，30(4)：146-149+168.

［31］崔仑，鲁湘湘，武志和，等.对桥式起重机轨道压板的受力测定［J］.起重运输机械，1994(9)：23-25.

［32］郭恭兵，韦凯，谢朝川，等.DZ Ⅲ型扣件铁垫板上横向力传递规律及影响因素分析［J/OL］.铁道科学与工程学报：1-9［2022-12-09］.

［33］张红兵，杜建红.有限元模型中螺栓载荷施加方法的研究［J］.机械设计与制造，1999(6)：32-33.

［34］王月宏.接触有限元分析及应用［J］.现代制造技术与装备，2018(4)：49-50.

［35］许佑顶.高速铁路无砟轨道扣件设计要点［J］.铁道工程学报，2010，27(4)：40-43.

［36］马晓川，刘林芽，张鹏飞，等.近场动力学框架下钢轨疲劳裂纹萌生预测的数值方法研究［J］.摩擦学学报，2020，40(5)：608-614.

［37］刘万钧，刘浩东，王欣，等.起重机运行机构之车轮与轨道的有限元接触分析［J］.建设机械技术与管理，2022，35(5)：58-61.

［38］张迎新，王新华，吴增彬，等.防爆起重机车轮在钢轨上全滑动摩擦温升分析［J］.润滑与密封，2013，38(10)：10-14+5.

［39］刘绍武.港口机械轮轨接触分析及车轮小型化研究［D］.上海：同济大学，2007.

［40］董杰，程文明，邵建兵.基于LS-DYNA的起重机车轮动态接触研究［J］.煤矿机械，2014，35(9)：58-60.

［41］耿广辉，康永飞，魏波.桥式起重机轨道故障实例分析与处理［J］.甘肃冶金，2014，36(4)：122-123.

［42］辛运胜，董青，徐格宁.轨道连接处缺陷对起重机运行冲击系数及疲劳剩余寿命的影响［J］.机械工程学报，2020，56(14)：254-264.

［43］Oda J, Yamazaki K, Yoshida H, et al. An analytical and experimental investigation of rail fastening systems in travelling cranes［J］. International Journal of Mechanical Sciences, 1983, 25(12)：935-944.

［44］Casado J A, Carrascal I, Polanco J A, et al. Fatigue failure of short glass fibre reinforced PA 6.6 structural pieces for railway track fasteners［J］. Engineering Failure Analysis, 2006, 13(2)：182-197.

［45］Casado J A, Carrascal I, Diego S, et al. Mechanical behavior of recycled reinforced polyamide railway fasteners［J］. Polymer Composites, 2010, 31(7)：1142-1149.

［46］Faure B, Bongini E, Lombaert G, et al. Vibration Mitigation by Innovative Low Stiffness Rail Fastening Systems for Ballasted Track［J］. Notes on Numerical Fluid Mechanics and

Multidisciplinary Design, 2015, 126: 627-634.

[47] Hess D P, Davis K. Threaded Components Under Axial Harmonic Vibration, Part 1: Experiments[J]. Journal of Vibration & Acoustics, 1996, 118(3): 418-422.

[48] Hess D P. Threaded Components Under Axial Harmonic Vibration, Part 2: Kinematic Analysis[J]. Journal of Vibration and Acoustics, 1998, 118(3): 423-429.

[49] Thompson D J, Verheij J W. The dynamic behaviour of rail fasteners at high frequencies[J]. Applied Acoustics, 1997, 52(1): 1-17.

[50] Razavi H, Abolmaali A, Ghassemieh M. Invisible elastic bolt model concept for finite element analysis of bolted connections[J]. Journal of Constructional Steel Research, 2007, 63(5): 647-657.

[51] Deb D, Das K C. A new doubly enriched finite element for modelling grouted bolt crossed by rock joint [J]. International Journal of Rock Mechanics and Mining ences, 2014, 70 (Complete): 47-58.

[52] Kukreti A R, Murray T M, Abolmaali A. End-plate connection moment-rotation relationship [J]. Journal of Constructional Steel Research, 1987, 8(87): 137-157.

[53] Sherbourne A N, Bahaari M R. 3D simulation of end-plate bolted connections[J]. Journal of Structural Engineering, 1994, 120(11): 3122-3136.

[54] Sherbourne A N, Bahaari M R. Finite Element Prediction of End Plate Bolted Connection Behavior. I: Parametric Study [J]. Journal of Structural Engineering, 1997, 123 (2): 157-164.

[55] Bose B, Wang Z M, Sarkar S. Finite-Element Analysis of Unstiffened Flush End-Plate Bolted Joints[J]. Journal of Structural Engineering, 1997, 123(12): 1614-1621.

[56] Bursi O S, Jaspart J P. Calibration of a finite element model for isolated bolted end-plate steel connections[J]. Journal of Constructional Steel Research, 1997, 44(3): 225-262.

[57] Bursi O S, Jaspart J P. Benchmarks for finite element modelling of bolted steel connections [J]. Journal of Constructional Steel Research, 1997, 43(3): 17-42.

[58] Choi C K, Chung G T. A gap element for three-dimensional elasto-plastic contact problems [J]. Computers & Structures, 1996, 61(6): 1155-1167.

[59] Carrascal I A, Casado J A, Polanco J A, et al. Dynamic behaviour of railway fastening setting pads[J]. Engineering Failure Analysis, 2007, 14(2): 364-373.

[60] Szurgott P, Gotowicki P, Niezgoda T. Numerical analysis of a shaped rail pad under selected

static load[J]. Journal of KONES, 2015, 19(1): 407-414.

[61] Szurgott P, Ernyś K B. Preliminary numerical analysis of selected phenomena occurring in a rail fastening system[J]. Journal of Kones, 2012, 19(4): 607-614.

[62] Mohammadzadeh S, Ahadi S, Nouri M. Stress-based fatigue reliability analysis ofthe rail fastening spring clipunder traffic loads[J]. Latin American Journal of Solids & Structures, 2014, 11(6): 993-1011.

[63] Dong P, Hong J K, Cao Z. Stresses and stress intensities at notches: 'anomalous crack growth' revisited[J]. International Journal of Fatigue, 2003, 25(9): 811-825.

[64] Dong P, Hong J K, Osage D, et al. Assessment of Asme's Fsrf Rules for Vessel and Piping Welds using a New Structural Stress Method[J]. Welding in the World, 2003, 47(1-2): 31-43.

[65] Dong P, Hong J K, Dean S W. A Robust Structural Stress Parameter for Evaluation of Multiaxial Fatigue of Weldments[J]. Journal of ASTM International, 2006, 3(7): 17.

[66] Sonsino C M, Radaj D, Brandt U. Fatigue assessment of welded joints in AlMg 4, 5Mn aluminium alloy (AA 5083) by local approaches[J]. International Journal of Fatigue, 1999, 21(9): 985-999.

[67] Goes R C D O, Castro J T P D, Martha L F. 3D effects around notch and crack tips[J]. International Journal of Fatigue, 2014, 62(5): 159-170.

[68] Ayguel M, Al-Emrani M, Barsoum Z, et al. Investigation of distortion-induced fatigue cracked welded details using 3D crack propagation analysis [J]. International Journal of Fatigue, 2014, 64(7): 54-66.

[69] Valikhani M, Younesian D. Application of an optimal wavelet transformation for rail-fastening system identification in different preloads[J]. Measurement, 2016, 82: 161-175.

[70] Euler M, Kuhlmann U. Crane runways-Fatigue evaluation of crane rail welds using local concepts[J]. International Journal of Fatigue, 2011, 33(8): 1118-1126.

[71] Caglayan O, Ozakgul K, Tezer O, et al. Fatigue life prediction of existing crane runway girders-Science Direct[J]. Journal of Constructional Steel Research, 2010, 66(10): 1164-1173.

[72] Rettenmeier P, Roos E, Weihe S. Fatigue analysis of multiaxially loaded crane runway structures including welding residual stress effects[J]. International Journal of Fatigue, 2016, 82(JAN. PT. 2): 179-187.

159

［73］张鹏飞, 雷晓燕, 高亮, 等. 高速铁路桥上无缝线路静态监测数据分析［J］. 铁道工程学报, 2016, 33(11): 40-44+62.

［74］刘杰夫. 盾构机密封件耐磨试验平台研制及接触应力分析［D］. 沈阳: 沈阳工业大学, 2019.

［75］李世达, 李保国, 方杭玮, 等. 混凝土枕螺旋道钉锚固材料应用现状［J］. 铁道建筑, 2021, 61(4): 133-137+151.

［76］王文波. 一种双稳态余弦梁非线性隔振器振动特性研究［D］. 北京: 中国民航大学, 2021.

［77］屈超广, 赵坪锐, 徐畅, 等. 中低速磁浮轨道扣件垂向静刚度分析［J］. 铁道建筑, 2021, 61(11): 139-142.

［78］高亮, 赵闻强, 侯博文. 扣压力失效状态下 WJ-8 扣件垂向力学行为研究［J］. 工程力学, 2020, 37(11): 228-237.

［79］张鹏飞. 高速铁路轨道工程［M］. 北京: 中国铁道出版社, 2021.

［80］张娅敏. 门式起重机走行轨受力性能及影响规律研究［J］. 中国设备工程, 2023(1): 69-72.

［81］张鹏飞, 唐强强, 吴必涛, 等. 桥上Ⅱ型板式无砟轨道纵向力智能分析系统［J］. 华东交通大学学报, 2023, 40(5): 95-105.

［82］孙训方. 材料力学Ⅰ［M］. 北京: 高等教育出版社, 2009.

图书在版编目（CIP）数据

门式起重机走行轨系统安全服役与结构优化研究／
张鹏飞，邓诏辉著. —长沙：中南大学出版社，2024.1
ISBN 978-7-5487-5694-1

Ⅰ. ①门… Ⅱ. ①张… ②邓… Ⅲ. ①门式起重机—
操作—研究 Ⅳ. ①TH213.4

中国国家版本馆 CIP 数据核字（2024）第 008933 号

门式起重机走行轨系统安全服役与结构优化研究

张鹏飞　邓诏辉　著

□出 版 人	林绵优
□策划编辑	刘颖维
□责任编辑	刘颖维
□封面设计	李芳丽
□责任印制	李月腾
□出版发行	中南大学出版社
	社址：长沙市麓山南路　　　邮编：410083
	发行科电话：0731-88876770　传真：0731-88710482
□印　　装	长沙印通印刷有限公司

□开　　本　710 mm×1000 mm 1/16　□印张 10.5　□字数 209 千字
□版　　次　2024 年 1 月第 1 版　　　　□印次 2024 年 1 月第 1 次印刷
□书　　号　ISBN 978-7-5487-5694-1
□定　　价　78.00 元